미완성 채식도 괜찮아

미완성
채식도
괜찮아

나와 지구를 위한 비건 라이프

후카모리 후미코 지음 + 연리지 옮김

iN

일러두기

- 단행본은 《   》로, 기사, 영화는 〈   〉로 표시했다.
- 옮긴이 주는 '옮긴이'로 표시했다.
- 이 책에 소개된 서적 중 한국어 번역본이 있는 경우 한국어판 타이틀로 명기하였으나 없을 경우 번역하여 원서명을 함께 표기하였다.

한국의 독자 여러분께

한국의 독자 여러분, 반갑습니다. 제 책이 이웃 나라 한국에서 번역될 거라고는 꿈에도 생각하지 못했는데 진심으로 기쁘고 영광입니다. 저는 한국 문화를 사랑하는 열혈 팬입니다. K-POP부터 K뷰티 그리고 발효식품까지, 한국은 늘 제 곁에 있습니다. 특히 훌륭한 한국 비건 화장품이 많아서 즐겨 찾는 브랜드가 있을 정도랍니다.

혹시 여러분은 비건의 삶에 막 발을 들였거나 이 책의 제목을 보고 호기심에 책을 펼치진 않으셨나요? 어쩌면 이미 몇 년째 비건인데, 이 책을 발견하곤 반가운 마음에 덥석 집어 들었을지도 모르겠네요. 이유가 어찌 됐든 '비건'에 끌린다는 것 자체가 기쁘기 그지없습니다.

제가 비건이 됐던 2013년만 해도 일본에서는 비건 치즈나 비건 요거트를 시중에서 구하기가 어려워 온라인으로 장을 보곤 했습니다. 외식도 쉽진 않았지요. 그나마 2020년 이후부터 대기업이 비건 업계에 진출해서 장보기가 한결 수월해졌습니다. 365일 매일 실천하는 비건인으로서 집 앞에서 장보기가 가능해진 건 아주 획기적인 변화라 할 수 있습니다.

지금 일본은 대기업, 대형 마트, 프랜차이즈 패스트푸드점에서도 비건을 위한 즉석 카레, 햄버그 스테이크, 콩고기, 파스타 소스, 요거트, 디저트까지 앞다퉈 출시하고 있습니다.

일본의 비건 인구는 2017년 1%(약 127만 명)에서 2021년 2.2%(약 276만 명)으로 2배 이상 늘었습니다. 비건을 포함한 채식 인구는 2017년 4.5%(약 572만 명)에서 2021년 5.1%(약 648만 명)까지 늘어 계속 상승세를 보이고 있습니다. 한국의 채식 인구는 최근 10년 동안 15만 명에서 150만 명으로 무려 10배나 늘었다는 소식을 들었습니다. 한국과 일본 모두 비건 시장이 크게 성장하고 있습니다.

심지어 2020년 '헬로 비건Hello Vegan' 사회 만들기를 사명으로 삼아 스타트업에 뛰어든 ㈜브이쿡(vcook.co.jp)의

대표는 대학생입니다. 이런 추세로 보아 앞으로 비건 인구는 더욱 늘어나고 점점 주목받겠지요.

이 책은 비건을 지향하거나, 비건 초심자라 궁금한 게 많거나, 비건인 가족이나 연인, 친구를 이해하고 싶거나, 아직 비건은 아니지만 비건의 세계가 궁금한 모든 분들께 도움이 될 거라 믿습니다.

이 책의 활용법을 하나 알려드리자면 차례를 보고 궁금한 부분부터 읽는 것입니다. 저는 비건 라이프가 삶의 방식이자 사고방식이라 생각합니다. 비건은 행복한 삶을 위한 선택지 중 하나이기 때문입니다. 그러니 '비건'이란 단어에 너무 얽매이지 말고 열린 마음으로 부담 없이 이 책을 읽어주시길 바랍니다.

비건 라이프의 핵심은 지성이나 지식이 아니라 자신의 '영감'에 따르는 것입니다. 마음 가는 대로 여러분의 감성이 넘나들기 바랍니다.

2023년 봄
비건 닥터 후카모리 후미코

서문

　우선, 이 책의 독자 여러분께 감사 인사를 드린다. 혹시 표지에 쓰인 '비건'이라는 단어에 이끌려 책을 펼치지는 않았는가? 들어가기에 앞서 한 가지 질문을 던지려고 한다.

　'비건'이라는 단어를 언제 처음 알았는가? 내가 비건이 된 계기는 건강 때문이다. 예전에는 비건이라는 단어조차 몰랐다. 베지테리언은 알아도 비건은 몰랐다. 불과 몇 년 전 일이다. 어디 그뿐일까. 고기를 좋아했고 설탕에 생크림을 듬뿍 올린 디저트도 좋아했다.

　그러나 인간이란 존재는 참으로 신기하다. 짧은 기간에 나는 완전히 다른 사람이 됐다. 눈에서 꿀이 뚝뚝 떨어질 만큼 좋아했던 고기도, 아이스크림도, 지금은 입에 대지 않는다. 참고 견디는 게 아니라 먹고 싶은 마음이 완전히 사라졌다.

한마디로 비건은 엄격한 채식주의자를 뜻한다. 여기서 말하는 '엄격'이란 동물성 식품을 먹지 않을 뿐 아니라, 가죽, 모피, 울과 같은 동물성 제품, 동물성 원료를 사용한 화장품도 사용하지 않는다는 말이다.

이렇게까지 엄격한 이유는 무엇일까? 같은 생명체인 동물에게 애정과 사랑을 느끼기 때문이다. 동물을 사랑하는 마음과 윤리관이 있다면 분명 이해하리라 믿는다. 그리고 이런 생각은 단순히 동물에 그치지 않고 지구 환경을 지키려는 마음으로도 통한다.

음식을 바꾸는 것만으로 내 몸은 전보다 건강해졌고, 머리도 맑아지고 마음도 안정됐다. 하지만 무엇보다 가장 큰 변화는 삶의 방식이 바뀐 것이다. 인간관계와 사물을 바라보는 시선도 달라졌다. 폭넓게 세상을 바라보게 된 것이다. 우주적이라고 할 만큼 시야가 넓어졌다고 해도 과언이 아니다.

먹방 시대를 살아가는 현대인들은 식사를 그저 배를 채우는 행위이자 스트레스 해소를 위한 것이라고 생각한다. 하지만 불교(선종)의 수행 방법에 먹는 행위가 포함된 것을 보면 알 수 있듯이, '음식'과 '정신성'은 깊이 연결되어 있다. 불교에서는 음식을 먹기 전에 자연의 은혜로움과 농사지은 사람의 노고에 감사한다. 또한 자신에게 먹을 자격이 있는지, 그날 하루 푸념이나 분노나 욕심이 없었는지 되짚어본다. 그리고 평온한 마음으로 음식을 입에 넣는다. 그 과정을 통해 자연과 인간과의 공존과 연결 고리를 생각하며 삶의 의미를 찾아간다.

비건 또한 삶의 방식을 찾는 철학이다. 음식을 통해 나를 바라보고 세상을 바라보는 길이 통하기 때문이다. 철학이라고 해서 결코 어려운 것이 아니며, 새로운 나를 만나는 동시에 삶의 기쁨으로도 이어진다.

지금 나는 무척 설렌다. 처음에는 건강 때문에 시작했지만, 비건이라는 삶의 방식을 만난 후로 인생이 더 충만해졌기 때문이다.

나는 안과 의사로, 날마다 많은 환자를 만난다. 환자 중에는 약보다 식이요법이 더 잘 맞을 것 같은 사람도 있다. 그런 경우 식단을 바꿔보는 선택지를 제시하기도 한다. 어디까지나 선택 사항이지만, 비건에 관심을 가져주는 사람을 만나면 무척이나 기쁘다.

비건으로서 내 삶의 방식과 생각은 한창 성장하고 매일 발전하고 있다. 한 명의 의사로서, 그리고 일본이라는 나라에 살고 있는 평범한 여성으로서, 그동안 비건에 대해 공부하고 직접 체험한 결과가 비건을 알고 싶어 하는 독자 여러분에게 분명 도움이 되리라 믿는다. 불확실하고도 혼란스러운 시대를 살면서, 그래도 내 삶은 내 손으로 찾겠다고 마음먹었다면 더욱 그럴 것이다.

이렇게 비건에 대한 책을 낼 기회가 주어진 데 깊이 감사드린다. 여러분도 음식을 통해 건강을 되찾고 유지할 뿐 아니라 눈이 번쩍 뜨이는 마음의 변화를 경험해보길 바란다. 그리고 비건인이 한 명이라도 더 많아지길 바란다.

비건 닥터 후카모리 후미코

※ 이 책에 실린 식재료는 건강한 사람을 대상으로 한다. 치료 목적이 아니니 양해 바란다. 또한 질환을 앓아서 투약 중이라면 함께 먹으면 해가 되는 음식이 있을지도 모르니 식재료 선택에 주의해야 한다.

차례

한국의 독자 여러분께 … 5
서문 … 8

1장 나는 어쩌다 비건이 되었을까? … 19

월급쟁이 의사에서 개원의로 … 21
나를 바꾸는 것이 비건의 시작 … 23
탄수화물 제한식의 한계 … 26
로푸드에서 비건으로 … 28
조금씩, 천천히 몸과 마음을 길들이다 … 30
비건이 되어 바뀐 것들 … 32
비건은 지구를 지키는 길 … 35
비건으로 깨달은 나의 사명 … 37
할 수 있는 것부터 하자 … 39
자기 변형 게임과의 만남 … 42

2장 사람과 지구, 동물 친화적인 비건 라이프 … 45

비건과 베지테리언은 어떻게 다를까? … 47

비건은 윤리적 채식이다 … 51

채식주의자였던 역사적 인물들 … 54

채식하는 할리우드 스타들 … 57

전 세계에서 활약하는 비건 운동선수들 … 60

고기, 달걀, 유제품이 질병의 원인 … 63

동물도, 물고기도 고통을 느낀다 … 65

채식으로 기아 문제를 해결할 수 있다 … 70

자연환경을 파괴하는 육식 … 72

육식 때문에 물이 부족하다고? … 75

급감하는 해양 생물과 야생동물 … 78

우리가 할 수 있는 일 … 81

3장 자연, 건강 그리고 음식 철학 … 85

자연위생학과의 만남 … 87

독소를 제거하는 인간의 능력 … 90

몸에 맞는 식사 시간을 알자 … 92

우리 몸이 좋아하는 음식, 과일과 채소 … 95

과일과 채소로 노폐물을 씻어내자 … 97

과일은 최고의 에너지원 … 99

신선한 과일을 있는 그대로 먹어라 … 101

과일과 채소에도 풍부한 단백질 … 103

단백질을 저장하는 아미노산 풀 … 108

몸에 해로운 동물성 단백질의 과잉 섭취 … 110

과일과 채소는 비타민과 미네랄의 보고 … 112

동물성 식품에는 없는 식물의 영양소 ⋯ 114

신체를 약알칼리성으로 유지하는 과일과 채소 ⋯ 117

오메가3와 오메가6의 균형이 중요하다 ⋯ 120

백설탕은 나쁘다 ⋯ 123

콩은 조심해서 먹자 ⋯ 125

우유는 정말 건강식품일까? ⋯ 127

운동과 수면, 햇볕 쬐기가 핵심 ⋯ 129

4장 비건 생활, 식단은 이렇게 꾸리자 ⋯ 133

비건식에 도전하기 ⋯ 135

음식의 올바른 조합 원리 ⋯ 144

5장 비건이 되기 위한 Q&A ⋯ 147

Q.1 비건을 한마디로 표현한다면? 베지테리언과 무엇이 다른가요?

Q.2 동물성 식품을 섭취하지 않아도 영양은 균형 있게 섭취할 수 있나요?

Q.3 콩이 아니라도 식물성 단백질을 섭취할 수 있나요?

Q.4 두부를 좋아하는데 콩 가공식품을 많이 먹어도 될까요?

Q.5 로푸드를 추천하셨는데, 익힌 채소를 먹어도 될까요?

Q.6 채소의 농약이 신경 쓰이는데 무농약 채소를 먹어야 할까요?

Q.7 저는 채소볶음을 좋아하는데 고온에서 볶는 것은 안 좋을까요?

Q.8 채소볶음을 할 때 고기 대신 무엇을 넣으면 좋을까요?

Q.9 감자류나 뿌리채소를 좋아하는데 먹어도 될까요?

Q.10 해조류는 먹어도 되나요?

Q.11 밀가루는 좋지 않나요?

Q.12 우동이나 국수의 원료는 밀가루인데 메밀국수로 대체하는 게 좋을까요?

Q.13 저희는 아침에 빵을 먹어요. 빵을 좋아하는데 어떻게 하면 좋을까요?

Q.14 밥은 백미보다 현미를 먹어야 할까요?

Q.15 가다랑어포 육수와 콩소메(맑은 고깃국물) 대신 어떤 걸 써야 할까요?

Q.16 햄버거를 좋아하는데 패티는 무엇으로 만들어야 할까요?

Q.17 과일을 좋아하는데 과일이면 뭐든 상관없나요?

Q.18 버터 대신 마가린은 괜찮나요?

Q.19 식물성 기름은 먹어도 될까요?

Q.20 우유와 요거트를 좋아합니다. 어떻게 하면 좋을까요?

Q.21 스무디를 추천하시는데, 차가운 음료를 잘 못 마셔요. 어떻게 하면 좋을까요?

Q.22 스무디 토핑으로는 어떤 것이 좋을까요?

Q.23 케이크를 좋아하는데 비건식에도 단 음식이 있나요?

Q.24 아이스크림을 좋아해서 도저히 끊을 수가 없어요. 어떡하죠?

Q.25 과자를 좋아해서 끊을 수가 없어요. 어떻게 하면 좋을까요?

Q.26 백설탕이나 꿀은 비건식이 아니라고 하던데요. 감미료는 어떤 걸 써야 할까요?

Q.27 견과류가 좋다고 하셨는데, 소화가 잘 안 되는 건 아닌가요?

Q.28 아이의 도시락 반찬에 달걀이나 비엔나소시지를 자주 넣는데 무엇으로 바꾸면 좋을까요?

Q.29 비건식을 하면 건강뿐 아니라 정신적으로도 변화가 생기나요?

Q.30 여름에 좋은 음식과 겨울에 좋은 음식이 다른가요?

Q.31 끈기가 없어서 비건식을 계속할 자신이 없는데 어떻게 하면 지속할 수 있을까요?

Q.32 비건이 되는 좋은 방법이 있을까요?

Q.33 가족 중에 저만 비건입니다. 매일 식단 때문에 고민이에요.

Q.34 가죽 제품을 안 쓰고 싶은데 완벽하게는 안 돼요. 어떡하면 좋을까요?

Q.35 비건을 하면서 깨달은 점이나 실패한 일이 있나요?

Q.36 비건이 되고 나서 좋은 점은 무엇인가요?

주요 참고문헌 및 사이트 … 167

저자 후기 … 168

옮긴이의 말 … 171

추천사 … 176

- 모두가 켠 스위치는 꺼지지 않습니다. Let's switch on!
- 우리의 지구를 지키는 삶
- iN good lifecare – 먹거리와 생활 습관이 바뀌면 '생'이 달라진다

1장

나는 어쩌다 비건이 되었을까?

월급쟁이 의사에서 개원의로

나는 니시노미야에서 태어나고 자랐지만, 의사가 된 후로는 고베에서 살고 있다. 고베라면 고베규(일본의 3대 소고기 중 하나로 육질이 부드럽고 마블링이 일품이다—옮긴이)를 떠올릴 것이다. 서문에서도 이야기했듯이, 나 역시 비건이 되기 전에는 고기를 즐겨 먹었다. 게다가 다디단 케이크나 아이스크림도 즐겼다. 주변에 채식주의자도 없었고, 비건이라는 말도 전혀 몰랐다. 그러니 비건이 엄격한 채식주의자라는 것 역시 모를 수밖에.

그랬던 내가 어쩌다 비건이 되었을까?

기억을 더듬어 비건이 된 여정을 자세히 기록하고 싶어졌다. 지금 내 주변에는 비건이 제법 많다. 비건이 된 이유는 각양각색이다. 단번에 생활 습관을 바꾼 이가 있는가 하면, 시간을 두고 비건이 된 이도 있다. 나는 후자에 해당하는데, 운명에 이끌리듯 돌고 돌아서 결국 비건이 되었다. 말 그대로 '이끌리듯' 일어난 일이다. 당연한 결과였다.

지금이야 안과 의원을 운영하지만, 전에는 종합병원에서 근무했다. 매일 100명 이상의 외래 환자에 백내장 수술까지 하느라 쉴 틈이 없었다. 입원실도 있어서 당직도 서야 했다. 내 발로 뛰어들기는 했지만, 너무 바쁘다 보니 이대로도 괜찮을까 싶었고 '아, 이게 아닌데'라는 생각이 들었다.

그러다가 고등학생 시절부터 독립을 꿈꿨던 나는 드디어 서른다섯에 꿈을 이뤘다. 내 의지로 안과 의원을 개원했지만, 익숙하지 않은 업무들로 종합병원과는 또 다른 스트레스가 기다리고 있었다. 게다가 부모님과 사이가 원만하지 않아서 육체적으로도, 정신적으로도, 완전히 지쳐 있었다. 지금 생각해보면 탈출구가 없었다.

나를 바꾸는 것이 비건의 시작

개원하고 몇 년 후, 돌파구가 필요하다는 생각이 간절해졌다. 그때 명상을 권유받았다. 예전에 근무하던 종합병원 바로 옆에 아로마 마사지와 네일 아트를 하는 뷰티숍이 있었는데, 그곳의 원장님이 마침 명상 수련을 시작하면서 나에게도 같이 하자고 권한 것이다.

그저 눈을 감고 있으면 명상이라고 생각할 수도 있지만, 그렇지 않다. 우선 자세를 가다듬어야 한다. 스트레칭으로 몸을 이완시켜서 명상에 들어가기 쉬운 상태로 만든 후, 깊은 명상에 빠져들었다. 수련이 끝나면 같이 명상한 사람들과 명상하면서 느낀 점을 나누었는데, 사람마다 반응이 제각각이라 정말 놀라웠다. 명상 수련을 하면서 내 안의 자아가 깨어나는 것을 느꼈다.

나는 변화가 필요하다고 느끼고 여러 가지를 바꿔나가기 시작했다. 그중에는 타인과의 소통과 생활 방식도 있다. 당시에 "내 생각을 상대방에게 제대로 전달하는가?"라는 질문을 받았다면 "그렇지 않다"라고 답했을 것이다. 상대방과 의견이 다를 때 내 생각을 명확하게 전달하지 않고 입을 다무는 경우가 많았기 때문이다.

하지만 상대방에게 내 생각을 전달하려면 내가 진정으로 어떤 감정을 느끼는지, 정말로 원하는 것이 무엇인지, 스스로 묻고 답하는 과정이 필요하다. 그리고 그렇게 해서 나온 답을 상대방에게 전해야 한다. 사실 힘든 일이다. 자신에게 솔직하면 상대방의 오해를 사기도 한다. 실제로 부모님과는 갈등이 컸다.

그렇다고 해서 현재 상황을 외면한 채 앞으로 나아갈 수는 없었다. 그 과정에서 멀어지는 친구가 있는가 하면, 새롭게 친해지는 사람도 있었다. 자연스레 인간관계도 바뀌었다.

그러던 중에 음식을 바꿔봐야겠다는 생각이 들었다. 당시 나는 스트레스로 살이 찌고 피부도 푸석했다. 식후 혈당(혈중 포도당 수치)이 급격히 오르는 체질이기도 했고,

밥을 먹으면 잠이 쏟아져서 고민이었다. 아버지가 당뇨병이었기 때문에 나 또한 당뇨의 위험이 높았다. 그런 측면에서도 식단을 개선할 필요가 있었다.

탄수화물 제한식의 한계

    식단을 개선할 필요성을 깨닫고 정보를 수집했다. 그중에서 내 마음을 사로잡은 것이 탄수화물 제한식이었다. 탄수화물 제한식이란 3대 필수 영양소인 탄수화물, 단백질, 지방 중에서 탄수화물을 제한하는 것이다. 탄수화물과 같은 당질을 섭취하면 혈당이 오르고 다량의 인슐린(췌장에서 분비되는 혈당을 낮추는 호르몬)이 분비되어 비만이나 당뇨병을 일으키기 쉽다. 이를 예방하고 개선하기 위해 제안된 식이요법이 바로 탄수화물 제한식이다.

    이 식이요법을 주장하는 의사의 책과 블로그를 찾아보고 '바로 이거야!'라며 공감하고 실천했다. 당뇨병

위험군인 나에게는 안성맞춤이라 생각했다. 방법은 간단하다. 밥, 빵과 같은 탄수화물을 삼가고 육류나 생선 등 동물성 단백질 위주로 먹으면 된다. 원래부터 고기나 생선은 잘 먹었지만 치즈까지 즐겨 먹게 되었다.

효과는 아주 탁월해서 며칠 만에 몸이 탄탄해지는 느낌이 들었다. 컨디션도 좋아지고 두 달 만에 8킬로그램이나 체중이 줄었다. 피부에도 탄력이 생겼다. 예상보다도 큰 변화였다. 하지만 효과를 본 기간은 3개월 정도였고, 그 후로는 몸이 굉장히 무겁고 침울한 기분이 들었다. 에너지가 고갈되는 느낌이었다. 반년쯤 지나자, 아무래도 몸이 이상해서 그만둬야 할 것 같았다. 마침 건강검진을 받았는데 혈액 검사 결과를 보니 중성 지방 수치가 훌쩍 높아져 있었다.

탄수화물 제한식 때문이란 생각이 들어 그때까지 하던 식이요법을 당장 멈췄다. 그래도 식단을 개선하려고 모처럼 마음먹었는데 원래대로 돌아가려니 뭔가 찜찜했다. 그래서 다른 식이요법은 없는지 알아보기 시작했다.

로푸드에서 비건으로

나는 무엇이든 찾아보기로 마음먹으면 탐구심이 최고
조에 이른다. 그래서 여기저기서 온갖 정보를 수집하다가,
한 블로거의 식이요법 소개글을 발견했다. 1985년에 미국
에서 출간된 하비 다이아몬드의 《다이어트 불변의 법칙》
(사이몬북스)에 관한 글이었다. 식사의 80% 이상을 로푸드
(raw food, 채소나 과일을 생으로 먹는 방법)로 섭취하면 컨디
션이 좋아지고 병이 생기지 않는다고 했다.

이 책을 읽고 자극받은 나는 로푸드를 제대로 공부
하고 싶어서 도쿄까지 강의를 들으러 다녔다. 로푸드의
기본은 동물성 식품 먹지 않기, 밀가루와 같은 정제 탄수
화물 먹지 않기, 식물 효소가 파괴되지 않도록 48℃ 이하

로 조리하기다. 로푸드 강좌에서는 동물성 식품과 정제 탄수화물을 대체하는 재료를 찾고 그 조리법을 배우고 직접 요리를 만들어 보게 했다. 2년이나 공을 들인 후, 나는 직접 레시피를 만들 수 있는 로푸드 전문가가 되었다.

　로푸드를 배우기 시작할 무렵만 해도 육류와 생선을 조금씩은 먹었지만, 동물 착취나 환경 문제에 관한 자료를 읽고 나서는 육식을 완전히 그만두기로 결심했다. 그동안 아무 생각 없이 먹었던 소고기나 돼지고기, 닭고기가 우리 식탁에 어떻게 올라오는지 그제야 알았기 때문이다. 어쩌면 지금까지는 알려고도 하지 않았다는 편이 맞을 것이다. 또한 사료용 곡물을 재배하기 위해 열대우림을 벌목하면서 환경을 파괴한다는 사실도 처음 알았다.

　이때 마음속 스위치가 켜졌다. 그 뒤로 식품뿐만 아니라 모피코트, 캐시미어 스웨터, 실크 블라우스 등 동물성 소재로 된 의류도 사지 않았고, 동물성 성분이 포함된 화장품도 사용하지 않았다. 더는 육류나 생선류에는 미련이 없었다. 딱 하나, 아이스크림은 끊기가 너무 힘들었다.

　이런 경험이 있었기에 채식을 하고 싶어도 식단 바꾸기가 쉽지 않다는 건 잘 알고 있다. 나도 겪은 일이다. 그러니 천천히 바꿔나가면 된다. 비건이 되기까지 모두가 똑같은 길을 갈 수는 없다.

조금씩, 천천히 몸과 마음을 길들이다

비건으로 생활하기 위해서는 식단을 고민해야 하지만, 처음 시작할 때는 마음 편히 즐기는 것이 좋다. 처음부터 너무 잘하겠다는 마음으로 완벽하게 해내려고 하면 무리할 수밖에 없고, 결국 예전 방식으로 되돌아가기 때문이다.

그 이유 중 하나는 인간에게 원래 상태를 유지하려는 '항상성Homeostasis'이라는 성질이 있기 때문이다. 즉, 지금까지 육류, 생선, 유제품 등 동물성 식단에서 완전 채식 식단으로 전환하면 사람의 몸은 갑작스러운 변화에 놀라 예전으로 돌아가려고 한다. 그러면 컨디션이 무너지거나 우울해질 수도 있다(물론 항상성의 작용 외에도 각자에게 필요한 영양소가 부족해서일 수도 있다).

갑자기 바꾸지 말고 조금씩 채식 비율을 높여가며 몸과 마음을 길들이자. 충분히 적응했다면 그때 완전한 비건으로 전환하면 된다. 나도 완전한 비건이 되기까지 1~2년간 베지테리언으로 지냈다. 조급해하지 말고 심신의 변화에 주의를 기울이면 비건으로 전환하는 것이 어렵지 않다.

세계적인 로푸드 권위자인 개브리얼 커즌스 박사는 비건으로 전환하는 기간에는 개인차가 있다고 했다. 따라서 각자의 속도로 비건식의 비율을 높여가는 것이 중요하다. 또한 식단 전환과 동시에 의복, 화장품, 생활용품을 비건 제품으로 선택하거나 구입하는 것도 중요하다.

비건이 완전 채식주의라고 하니, '채식'이라는 단어 때문에 음식에만 초점을 맞춘다고 생각하기 쉽다. 실제로는 음식만이 아니라, 의복, 화장품, 생활용품, 사고방식을 포함한 생활 양식 전체를 대상으로 한다.

비건이 되어 바뀐 것들

육류나 생선 등의 동물성 단백질에서 채소와 과일 중심의 식단으로 바꿨더니 몸이 점점 가벼워졌다. 관절의 움직임도 유연해지고, 두세 시간만 자도 괜찮았다. 활력이 넘치고 전보다 일도 순조로웠다.

아무래도 채소와 과일은 소화하는 데 부담이 덜하고 소화에 드는 에너지도 적다. 한편 가열한 음식이나 동물성 지방이 많은 음식은 소화하는 데 에너지가 많이 소모되다 보니 내장에 무리가 가고 졸립다. 일반적인 식사는 마라톤 42.195킬로미터를 완주하는 만큼의 에너지를 사용한다고 할 정도다.

식단을 바꾸면서 컨디션이 좋아졌을 뿐 아니라 정신

적으로도 안정됐다. 마음이 정화되는 느낌이라고나 할까, 판단력이 좋아지고 감각도 또렷해졌다. 예전 같았으면 이것저것 고민하며 결정하기까지 시간이 걸렸는데, 이제는 결정을 내리기까지 그리 오래 걸리지 않는다. 온종일 고민했던 일을 1분 만에, 6일이나 걸렸던 일을 하루에, 1년 걸렸던 일을 한 달 만에 결정하는 식이었다.

음식을 바꾼다는 것은 의식을 바꾸는 행위이기도 하다. 이제껏 해왔듯 시간이 흘러가는 대로 그냥 보내는 것이 아니라 의식적으로 살고 있다는 느낌이다. 모든 일에 속도가 붙었다. 뭐니 뭐니 해도 가장 크게 달라진 점은 인간관계다. 특히 부모님과의 사이가 극적으로 달라졌다.

나는 3남매의 장녀로 태어나 장녀는 이래야 하고 저래야 한다는 식의 틀에 박혀 살았다. 부모님의 기대를 저버리지 않도록 어릴 때부터 의대를 목표로 공부하면서 하고 싶은 것이 있어도 꾹 참았다. 생각해보면 굉장한 스트레스를 견디며 살아왔다. 나에게는 '~다워야 한다'는 페르소나(외적 인격, 역할)가 많았다. 장녀라는 페르소나, 의사라는 페르소나……. 음식을 바꾸면서 그 사실을 깨달았다. 여러 가지에 얽매여 진짜 내 모습을 모르는 것 같았다.

나 자신과 마주하며 내 감정을 깨닫고 부모님과의

관계도 변했다. 지금껏 하지 못했던 말을 하거나 무엇을 하고 싶은지 내 생각을 말하고 행동할 수 있었다. 나의 변화는 어떤 의미에서는 힘든 일이었지만, 부모님과의 관계를 개선하는 데 도움이 되었다.

흔히 비건이라면 음식만 바꾼다고 생각하기 쉽지만, 사실 삶의 방식을 바꾸는 일이다. 식사가 단순해지는 동시에 생활 방식도 단순해지며 매우 자유로워진다. 불필요한 것을 줄이고 도려내면서 내 인생에서 정말로 필요한 것만 갖춰진 느낌이랄까. 나에게 비건이란 자유롭게 살기 위한 지침과 같다. 그것은 앞으로도 변하지 않을 것이다.

비건은 지구를 지키는 길

내가 진정한 의미의 비건이 된 것은 2014년 정월 이후다. 그 후로 친구들은 같이 식사할 때면 "이거 먹어도 돼?"라며 굉장히 신경을 써줬다. 직업 때문인지, 의사 친구들은 먹을 수 없는 음식이 있다고 하면 세심하게 배려해주었다. 우리 집에 모여 비건식을 먹기도 하고, 간단히 차만 마실 때도 있다.

요즘은 베지테리언식을 제공하는 레스토랑도 늘고 있어서 친구와 그런 곳에 가기도 한다. 신기하게도 비건이 아닌데도 나와 같은 메뉴를 시키는 친구도 꽤 많다. 그러면서 이렇게 말한다. "의외로 맛있어!" 나를 통해 비건을 경험했다고 생각하면 기쁘다. 다만 개중에는 건강을 유지하려면 동물성 단백질이 필요하다고 굳게 믿는 의사도 있다. 그래서 "단백질이 부족하지 않아? 단백질을 어떻게 섭취해?"라고 묻기도 한다.

영양학을 제대로 공부하면 식물성 식품으로 필수 아미노산을 모두 섭취할 수 있다는 사실을 알 수 있다. 일본에서는 그런 정보가 잘 알려져 있지 않아서 단백질이 부족하다고 오해하는 사람이 많다. 그런 사람에게는 애써 반론하지 않는다. 그들도 언젠가는 나처럼 나중에 채식에 눈뜰 수도 있기 때문이다.

전 세계인이 비건이 된다면 그보다 기쁜 일은 없겠지만, 아직은 비건 인구가 너무 적기 때문에 조금씩이라도 좋으니 꾸준히 늘어나길 바란다. 완전한 비건이 아니더라도, 육식을 그만두는 사람이 몇 퍼센트 늘어나기만 해도 좋겠다. 그것만으로도 구원받는 동물이 늘어나고 지구 환경을 지키는 길로 이어지기 때문이다.

비건으로 깨달은 나의 사명

나는 어려서부터 '왜 태어났을까?'라는 의문을 가졌다. 그 질문을 오랫동안 가슴속 깊이 담고 있었는데, 어느 날 답을 알려줄 단어를 만났다. 티베트의 달라이 라마가 방일해서 오사카까지 강연을 들으러 갔을 때였다. '사람은 왜 사는가?'라는 주제로 이야기하던 중에 "인간에게는 컴패션Compassion(곤경에 처하거나 고통을 겪는 사람에게 깊이 공감하고, 그들을 돕고자 하는 마음—옮긴이)이 매우 중요하다"고 강조했다.

이 단어를 듣는 순간, 내 마음에서는 큰 울림이 있었다. 티베트 불교에서 말하는 컴패션은 달리 번역하면 자애와 깊은 연민이라는 뜻이다. 강연회를 다녀온 후에도

37

나의 컴패션은 무엇인지 끊임없이 고민했다. 환자에게 친절하게 말을 건네는 것일까? 아니면 NGO나 복지 단체에 기부금을 보내는 것일까?

고민한 끝에 고기를 끊고 완전 채식을 실천하는 삶이 동물 착취를 줄이고 지구 환경을 지킨다는 사실을 깨달았다. 바로 이것이 나의 컴패션이었다.

내가 가진 지식과 경험을 환자와 친구에게 전하기로 마음먹었다. 그렇다고 일방적으로 밀어붙이는 방식은 나와 맞지 않았다. 나만의 방식으로 더 많은 사람에게 비건을 알려야겠다고 생각했다.

할 수 있는 것부터 하자

내 나름대로 참된 비건의 길을 걷는 것. 이는 안과 의사로서 환자를 치료할 때도 적용된다.

예를 들어 피로나 수면 부족으로 눈이 침침하다고 호소하는 환자가 있다. 환자는 바쁜 업무로 인해 스트레스가 많고, 불규칙한 식생활을 하면서 편의점 도시락으로 끼니를 때운다. 그런 환자에게 약을 처방하면 일시적으로 좋아질 뿐 재발하는 경우가 잦다. 그럴 때는 약보다도 식생활을 바꾸어 채소 위주로 식사를 하면 증상이 호전되기도 한다.

처음부터 완전 채식을 하는 것이 효과적이지만 장벽이 높다. 그러니 할 수 있는 것부터 시작하기를 권한다.

아침 식사는 채소와 과일 스무디를 먹는다든가, 식사에서 채소를 늘리고 고기를 줄인다든가, 누구나 실천할 수 있는 것부터 하는 것이다.

그렇게 먹다 보면 눈은 물론이고 혈압이나 혈당 수치가 좋아지는 등 다른 증상들도 개선된다. 특히 알레르기성 결막염이나 삼나무 꽃가루 알레르기에는 식이요법이 효과적이다. 나도 천식과 편도선염으로 고생했는데, 식단을 바꾸면서 완치되다시피 했다. 식이요법이 건강에 좋다는 것을 직접 경험한 환자는 더 자세히 알고 싶어 하는데, 그럴 때는 아낌없이 내 지식과 경험을 전한다.

내 역할은 채식에 관심은 있지만 좀처럼 실행에 옮기지 못하는 사람들에게 손을 내밀어 한 걸음 나아가게끔 도움을 주는 것이다. 지향하는 바가 같은 사람에게는 내 지식과 경험을 전해주고 싶다. 실제로 식이요법을 시작한 환자 중에는 "자꾸 고기를 먹어요", "선생님, 유제품을 끊을 수가 없어요"라며 하소연하는 사람들도 있다. 그러면 나는 "그럼요, 저도 그랬어요"라고 위로한다.

나도 겪은 일이기에 환자들이 이해된다. 그래서 "자신을 탓할 필요는 없어요. 원래대로 돌아가도 또다시 육식을 그만둘 때가 올 거예요. 음식을 바꾸는 건 시간이 걸리는 일이니 괜찮아요"라며 안심시킨다.

자기 변형 게임과의 만남

내가 비건이 되어 음식뿐 아니라 삶까지 크게 바꾼 배경에는 자기 변형 게임Transformation Game이라는 심리 보드 게임과의 만남도 있었다. 내가 좋아할 거라며 지인이 추천하면서 처음 접했는데, 정말로 즐기게 됐다.

자기 변형 게임은 영국 스코틀랜드 북부의 핀드혼 공동체(www.findhorn.org/)에서 1970년대에 만들어진 심리 보드게임으로, 주사위를 던져 나온 수만큼 움직인 칸에 쓰인 대로 카드를 뽑거나 지시에 따른다. 심리학적인 요소도 포함돼 있어서, 내면에 숨은 감정을 깨닫고 집착, 고정관념, 무의식의 행동 패턴에 대한 자각을 촉진하거나 삶의 방향성을 제시하기도 한다.

나는 어떤 모임을 통해 이 심리 보드게임을 접하면서 크게 변하기 시작했다. 그리고 마음과 영혼이 일치하는 순간이 늘어나면서 해방감을 느꼈다. 그러다 보니 사는 게 점점 즐거워졌다. '마음의 자유가 중요하다'라고 들 하는데, 이 게임을 하다 보면 그 말이 절절히 와닿는다. 나는 진정한 의미에서 내 삶을 살기 시작했고, 호흡도 아주 편해졌다. 그동안은 어떻게 숨을 쉬었는지 모를 정도다.

　마음이 해방되면 모든 일이 또렷해진다. 앞이 보이지 않을 때 인간은 불안해지기 쉽고 무언가에 집착하고 돈이나 지위에 얽매일 수도 있다. 그런 상태에서 즐겁게 사는 것은 쉽지 않다. 하지만 그 굴레에서 벗어나면 편안하게 살 수 있다. 지금 나는 매일같이 해방감을 맛보며 살아간다.

2장

사람과 지구, 동물 친화적인
비건 라이프

비건과 베지테리언은 어떻게 다를까?

'비건'은 익숙하지 않더라도 '베지테리언'은 들어봤을 것이다. 베지테리언은 고기를 먹지 않고 채소 위주의 식사를 하는 채식주의자를 일컫는데, 엄밀히 말하자면 다음의 표 1과 같이 세분화할 수 있다.

육류나 생선, 유제품은 먹지 않지만 달걀은 먹는 오보 베지테리언, 육류나 생선, 달걀은 먹지 않지만 유제품은 먹는 락토 베지테리언, 달걀과 유제품은 먹는 락토 오보 베지테리언, 일반인보다 고기를 적게 먹는 세미 베지테리언 등이 있다.

그렇다면 비건은 어떻게 정의할까?

표 1 베지테리언의 종류와 특징

명칭	육류	어패류	달걀	유제품	벌꿀	모피·가죽
세미 베지테리언 Semi Vegetarian	△	O	O	O	O	O
특징: 일반인보다 고기 섭취량이 적음						
페스코 베지테리언 Pesco Vegetarian	x	O	x	x	O	O
특징: 육류는 먹지 않지만 어패류는 먹음. 유기농 지향						
오보 베지테리언 Ovo Vegetarian	x	x	O	x	O	O
특징: 달걀은 먹음						
락토 베지테리언 Lacto Vegetarian	x	x	x	O	O	O
특징: 유제품은 먹음						
락토 오보 베지테리언 Lacto Ovo Vegetarian	x	x	O	O	O	O
특징: 달걀과 유제품은 먹음						
오리엔탈 베지테리언 Orieantal Vegetarian	x	x	x	△	x	O
특징: 오신채(부추, 파, 마늘, 달래, 무릇)는 먹지 않음. 사찰 음식과 같은 불교계 식단						
윤리적 비건 Ethical Vegan	x	x	x	x	x	x
특징: 음식뿐 아니라 의식주 생활 전반에서 동물성 소재를 사용하지 않음						
식이 비건 Dietary Vegan	x	x	x	x	x	O
특징: 음식은 비건과 같지만 의류, 생활용품은 동물성 소재 사용						
매크로바이오틱 Macrobiotic	x	△	x	x	△	–
특징: 때에 따라 어패류는 먹기도 함(생선은 손바닥 크기, 식단에서 10% 비율). 신토불이 중시						
프루테리언 Fruitarian	x	x	x	x	x	–
특징: 과일, 견과류만 먹음						
브레세리언 Breatharian, 호흡식가	x	x	x	x	x	–
특징: 단식, 영적 수행을 거쳐 전혀 먹지 않는 사람						

비건은 베지테리언 중에서도 가장 엄격한 완전 채식 주의자로 육류, 생선, 달걀, 유제품은 물론 꿀, 곤충을 포함한 모든 동물성 식품을 먹지 않는 사람을 말한다. 무엇보다 가장 큰 차이점은 의류, 화장품, 의약품 등 생활 전반에서 동물성은 사용하지 않는다는 것이다. 동물성 제품에는 모피코트, 양모 스웨터, 실크 스커트, 오리털 점퍼 등이 있다. 동물 추출 태반이나 콜라겐을 사용한 화장품, 달걀에서 배양한 독감 백신, 토끼나 쥐를 이용한 동물 실험 개발품도 마찬가지다.

동물성 식품을 먹지 않고 동물 원료 제품을 사용하지 않는 이유는 무엇일까? 고기, 달걀, 유제품, 모피, 가죽 등 생산 과정을 살펴보면 동물이 열악한 환경에서 사육되거나 수명을 다 채우지 못하고 죽음에 이르는 고통을 당하기 때문이다. 바로, 윤리적인 이유로 동물성 제품을 멀리하는 것이다.

그런 의미에서 비거니즘이란 음식만이 아니라 생활 전반에 걸친 사상이자 철학이다. 표 1의 마지막에 소개한 브레세리언은 불식자不食者를 말한다. 농담이 아니라 이 세상에는 전혀 먹지 않는 사람이 있다. 바로 영적 수행자 같은 사람이다. 브레세리언은 대기 중에 무한히 존재하는 프라나라는 에너지를 들이마시며 살아간다. 나도 비건 친구와 이야기할 때 브레세리언이 되고 싶다고 농담처럼 말하곤 하는데, 그렇게 되면 어떠한 착취도 없이 진정한 의미에서 자유로운 삶을 누릴 수 있지 않을까?

비건은 윤리적 채식이다

비건이라는 단어는 1944년 영국에서 만들어진 비건협회The Vegan Society의 공동 설립자인 도널드 왓슨이 유제품을 먹지 않는 채식주의자를 일컬으며 처음으로 사용되었다. 베지테리언의 첫 세 글자 veg와 마지막 두 글자 an을 조합한 것으로, 채식주의의 처음과 끝을 의미한다. 비건은 유제품을 먹지 않는다고 했는데, 협회에서는 설립 당시부터 달걀도 반대했다. 1951년에는 '인간은 동물을 착취하지 않는 삶을 살아야 한다'라며 비거니즘의 정의를 넓혔다.

미국비건협회American Vegan Society는 1961년에 설립되었는데, 설립자인 H. 제이 딘샤는 비거니즘을 인도의 자이나

교의 아힘사(비폭력, 불살생) 개념과 연관지어 알리려고
했다.

이처럼 비건이란 단어가 생겨난 것은 비교적 최근이
지만, 채식주의의 개념 자체는 고대 인도나 그리스까지
거슬러 올라간다. 그러나 육식하지 않는 사람을 총칭하
는 베지테리언이라는 영어 단어를 사용한 것은 19세기
때부터다. 당시 베지테리언은 육류뿐 아니라 유제품, 달
걀, 동물에서 유래한 모든 제품을 꺼리는 사람을 지칭했
다고 한다. 또한 베지테리언 중에는 건강상의 이유로 채
식을 하는 사람이 있는가 하면, 윤리적인 측면에서 동물
성 제품을 피하는 사람도 있었다. 후자의 입장을 분명히
표명한 사람은 영국의 사회개혁 운동가인 헨리 스티븐스
솔트다. 그는 동물 복지뿐 아니라 동물의 권리를 주장한
사람으로 알려졌다.

솔트의 저서는 당시 런던에서 유학 중이던 마하트마
간디에게 영향을 주었고, 둘은 서로 사상을 나누었다.
1931년 11월에 열린 영국 채식협회Vegetarian Society 연설에서
간디는 이렇게 말했다.

"사람들의 건강을 지킬 뿐 아니라 윤리적 관점에서
채식을 보급하는 것이 협회의 사명이다."

인도의 독립에 앞장섰던 간디는 인도인이 영국인에

게 착취당하듯 동물 또한 인간에게 착취당하고 있다는 것을 깨닫고 육식을 그만뒀다. 이후 간디는 평화로운 사회를 만들기 위해서는 인간에 대한 폭력뿐 아니라 동물에 대한 폭력도 사라져야 한다고 주장하면서 동물 보호 운동에도 큰 영향을 미쳤다.

채식주의자였던 역사적 인물들

"동물도, 식물도, 인간도, 모두 같은 생명이고 우열은 없다. 모든 것은 우주의 일부이며, 우주의 섭리에 따라 존재한다."

이는 불교의 창시자인 석가모니가 한 말로, 살생하지 말라는 불살생계不殺生戒의 가르침이다. 출가한 수행승은 우기가 되면 벌레를 밟지 않도록 외출을 삼가고 건기가 되면 설법을 펼칠 때 생물을 죽이지 않도록 조심히 걸었다고 한다. 늘 채식을 하며 하루 한 끼만 먹었다는 석가모니는 명상을 거듭하며 결국엔 깨달음의 경지에 이르렀다.

나도 명상을 하지만, 비건이 되어 채식하면서부터

두뇌 회전이 빨라지고 정신적으로 안정되고 명상도 더 깊어졌다. 채식을 하면 우리 몸이 건강해지고, 마음이 안정되며, 우주 만물과의 일체감도 느낀다. 어쩌면 넓은 의미의 자비심은 이렇게 생기는 게 아닐까? 그렇다고 늘 깊은 명상에 빠지는 것도 아니고, 우주 만물과 일체감을 느끼는 시간이 길지도 않다. 그저 석가모니와 같은 깨달음의 경지에 조금이라도 가까워지길 바랄 뿐이다.

한편 고대 그리스의 플라톤, 소크라테스, 아리스토텔레스와 같은 철학자도 채식주의자였다고 한다. 이들은 2,000여 년 전부터 자연에 대한 경외심을 품었고 "환경 문제를 고려하더라도 채식이 이상적인 국가 형태"라고 했다.

플라톤은 이런 말을 남겼다.

"신은 우리의 육신을 채우는 존재들을 창조했다. 바로 나무, 식물 그리고 곡식이다. 그러나 육식을 시작하면서 전쟁이 일어났다."

이는 가축을 뺏고 빼앗기면서 다툼이 일어났다는 의미일 수도 있다.

의학의 아버지라 불리는 히포크라테스는 과일과 채소를 먹으며 깨달은 자연 치유력의 위대함을 이렇게 말했다. "인간은 체내에 100명의 명의를 갖고 태어난다."

또한 "음식으로 고칠 수 없는 병은 의사도 고칠 수 없다", "자연에서 얻은 것은 뭐든 몸에 좋다"라며 음식과 건강의 상관관계를 설명했고 채식을 권했다.

이처럼 역사적인 인물들이 채식을 언급한 것은 나와 같은 비건에게는 마음 든든한 일이다. 먼 옛날 그들이 정말로 채식을 했는지 확인할 길은 없지만, 그들의 사상이 채식에서 비롯된 것이라 믿고 싶다.

채식하는 할리우드 스타들

일본에서는 비건 인구가 여전히 적어서 비건이 무엇인지 묻는 사람들이 많지만, 미국에서는 비건의 권리가 보장된다. 식당에는 채식 요리가 있고, 장을 보러 가면 비건 마크가 붙은 제품이 다양하게 비치되어 있다. 일본처럼 상품 뒷면의 설명서를 일일이 읽어볼 필요가 없다. 그래서인지 유명인 중에도 채식인이 많다.

영화 〈블랙 스완〉으로 아카데미 여우주연상을 수상한 나탈리 포트만은 어릴 때부터 채식주의자로 2009년에 한 권의 책을 읽고 엄격한 비건이 되었다. 동물이 식탁에 오르기까지 얼마나 처참하게 취급되고 죽임을 당하는지를 다룬 책이다(조너선 사프런 포어, 《동물을 먹는다는 것에 대하여》, 민음사—옮긴이). 나도 로푸드 강좌에서 동물을 다루는 실상이 적힌 팸플릿을 읽고 비건이 되기로 결심했는데, 그녀 또한 동물들이 처한 상황에 충격을 받아 비건이 된 것같다.

또 영화 〈헬프〉로 아카데미 여우조연상 후보에 올랐던 제시카 차스테인도 비건이라, 영화 촬영 중 치킨을 먹는 장면에서 콩고기로 대체했다고 한다. 그녀가 10대부터 채식을 하다가 지금은 비건이라는 건 이미 널리 알려진 사실이다.

참고로 나탈리 포트만과 제시카 차스테인은 세계적인 동물 보호 단체인 PETA^{People for the Ethical Treatment for Animals}에서 인정한 비건이다. 1980년 미국에서 설립된 PETA는 동물 권리 단체로는 세계 최대 규모로, 대기업을 상대로 다양한 캠페인을 벌이고 있다.

〈아임 유어스^{I'm Yours}〉라는 노래로 그래미상을 수상한 제이슨 므라즈도 2012년에 비건을 선언했다. 그는 환경 문제에 높은 관심을 보이고 친환경적인 삶을 실천하는데, 다음과 같이 채식을 예찬했다.

"비건이 된 후 자전거를 타고 더 멀리까지 갈 수 있고 턱걸이 횟수가 늘어났다. 또 정신적으로도 강해졌고 내가 가진 잠재력이 깨어나는 기분이다. 모든 면에서 좋아졌다."

　이 밖에도 영화배우 겸 감독으로 왕성한 작품 활동을 하는 클린트 이스트우드나 연기파 배우로 유명한 조니 뎁 등 할리우드에서 활약하는 많은 셀럽들이 비건이라고 한다.

전 세계에서 활약하는 비건 운동선수들

동물성 단백질을 먹어야만 근육이 생긴다고 믿는 사람이 많다. 채식만 해서는 근육을 만들 수 없다고 생각하는 사람도 많을 것이다. 하지만 비건이면서 근육이 탄탄한 사람도 많다. 미국의 보디빌더인 짐 모리스는 각종 보디빌딩 대회에서 상을 휩쓸었는데, 보디빌더를 은퇴한 50세에 베지테리언이 되었다. 동물성 단백질에는 지방뿐 아니라 사육 과정에서 투여하는 성장 호르몬이나 항생제와 같이 해로운 물질이 많이 포함된다는 사실을 알고 나서였다. 그 전까지는 변비나 부종으로 힘들어했지만, 베지테리언이 된 후부터 컨디션이 더 좋아졌다고 한다. 지금은 엄격한 비건인데, 70세가 넘은 나이에도 여전히 단단한 몸매를 유지하고 있다.

몸을 혹사하는 운동으로 유명한 이종격투기의 세계에도 비건은 있다. 바로 킹오브더케이지(무규칙 이종격투기대회—옮긴이)의 라이트급 챔피언 맥 댄지그다. 다른 선수들이 고기로 근육을 키울 때 그는 동물에게 경의를 표한다며 채식을 고수했다. 그가 동물권에 관심을 가진 건 열세 살 때였다. 돼지를 축사에서 도살장으로 보내는 것을 지켜보다가 그중 한 마리와 눈이 마주쳤고, 그 눈빛에서 깊은 슬픔과 지성을 느끼고 동물에게도 영혼이 있다는 사실을 알아챘다고 한다. 그래서 그 일을 겪은 지 3년이 지나고 열여섯 살 이후로는 돼지고기와 소고기를 먹지 않았다. 하지만 훈련을 하려면 동물성 단백질이 필요하다는 생각에 닭고기만은 먹다가, 비건 트레이너를 만나면서 완전한 채식주의자가 되었고 지금은 비건의 삶을 살고 있다.

세계에서 가장 가혹하다고 알려진 울트라마라톤의 챔피언인 스콧 주렉도 비건이다. 울트라마라톤은 42.195킬로미터를 뛰는 풀코스 마라톤보다 더 긴 거리를 달린다. 그 가혹함은 상상을 뛰어넘어서, 레이스 중 환각을 보기도 하고 구토하기도 한다. 극한에 도전하며 수많은 기록을 세운 그는 그중에서도 가장 혹독하다는 북미의 애팔래치아산

맥을 종단하는 애팔래치안 트레일에서 세계 기록을 세
웠다. 총거리 3,489킬로미터로, 홋카이도 최북단에서 오
키나와 최서단까지보다 거리가 길고 누적 표고차는 약
150킬로미터다. 그는 이 길을 46일 8시간 7분 만에 완주
했다. 주렉은 《잇앤런》(페이퍼로드)에서 채식을 하면서
피로 회복이 빨라졌다고 밝혔다. 한 인터뷰에서는 "고기
를 너무 많이 먹으면 심장병이나 당뇨병에 걸릴 위험이
커진다. 특히 값싼 고기에 대량으로 투여되는 항생제와
호르몬제는 체내에도 축적된다"며 육식의 문제점을 이
야기했다.

그런가 하면 런던 올림픽에서 금메달을 딴 테니스
스타 윌리엄스 자매도 부상과 질병을 계기로 채식주의
자가 되었지만 그럼에도 윔블던에서 우승을 거뒀다. 또
한 여자 테니스계의 전설인 마르티나 나브라틸로바와
육상 영웅 칼 루이스도 채식주의자라고 한다. 스포츠 세
계에도 이렇게 비건이 많다. 이런 사례를 봐도 '채식으로
는 근육이 생기지 않는다'는 말은 속설에 불과하다는 것
을 알 수 있다.

고기, 달걀, 유제품이 질병의 원인

이렇듯 역사적 인물부터 할리우드 스타, 세계적인 운동선수에 이르기까지 비건을 포함한 채식주의자가 많다. 그중에는 동물 보호나 윤리적인 이유로 육식을 그만둔 사람도 있지만, 건강상의 이유로 채식을 선택한 사람도 있다. 대표적인 인물이 미국 전 대통령인 빌 클린턴이다. 그는 두 번이나 심장 발작을 일으켜 관상동맥 우회술을 포함해 세 번의 수술을 받았고, 그 후 채식으로 바꾸기로 결심했다. 클린턴 전 대통령이 식단을 바꾸는 데는 의료진의 조언도 있었지만, 음식과 건강에 관한 두 권의 책이 큰 영향을 미친 듯하다. 바로 의학 박사인 콜드웰 에셀스틴이 쓴 《지방이 범인》(사이몬북스)과 영양생화학 박사인 콜린 캠벨이 쓴 《무엇을 먹을 것인가》(열린과학)다. 에셀스틴은 수년 동안의 연구 자료를 근거로, 섭취 영양소를 바꾸면 심장의 관상동맥 질환이 진행되지 않도록 막고 증상을 개선할 수 있다고 설명했다. 그는 유방암 수술을 집도한 풍부한 경험을 바탕으로 암이 생겨 수술할 게 아니라, 암 발병 자체를 줄여야 한다고 말한다. 채식하는 지역의 주민들이 암과 심혈관 질환이 적게 발병한다는 사실을 발견했고, 심혈관 질환을 앓는 환자의 협력을 얻어 질병의 원인이 식생활임을 밝혀낸 것이다.

한편 캠벨은 《무엇을 먹을 것인가》에서 동물성 단백질 위주의 식단이 심장병과 암의 발병과 관계가 있음을 상세히 서술했다. 이 결과는 1983년 중국의 연구자와 함께 시작한 역학 조사인 '차이나 프로젝트'에서 얻은 방대한 자료를 바탕으로 한다. 식단과 질병 발생의 연결고리를 찾기 위해 중국 전역을 돌며 65개 군, 130개 촌의 성인과 그 가족 6,500명을 대상으로 조사했다. 이렇게 식단과 질병의 역학 관계를 조사한 보고서를 출판해 동물성 단백질이 심장병과 암의 원인이라는 것을 대중에게 알렸다.

동물도, 물고기도 고통을 느낀다

나는 소, 닭, 돼지가 어떻게 식탁에 오르는지 안 후로 육식을 완전히 그만뒀다. 유명한 비건 중에도 동물 보호와 윤리적 이유로 고기를 먹지 않는 이들이 있다. 《비건: 식이의 새로운 윤리Vegan: The New Ethics of Eating》(에릭 마커스)와 《나이프보다 포크: 건강을 위한 채식을 기반으로 한 방법Forks Over Knives: The Plant-Based Way to Health》(진 스톤)에는 미국 축산업의 실상이 적나라하게 담겨 있다.

예전에는 햇볕이 잘 드는 넓은 농장 부지에서 소, 닭, 돼지를 방목했다. 소는 유유히 풀을 뜯고, 닭은 알을 낳고 싶을 때 낳았다. 그런데 고기와 달걀의 수요가 증가하며 높은 생산성이 요구되자, 농장은 가족 경영식에서 기업형으로 변모했다. 더는 목가적인 풍경은 볼 수 없고, 마치 축산 공장처럼 살벌해졌다. 동물들은 자유롭게 풀밭을 돌아다니지 못하고 좁은 케이지에 갇혀서 단시간에 대량으로 사육되는 형태로 바뀌었다.

예전에는 송아지가 태어나 도축하기까지 2년은 걸렸지만, 이제는 그렇게 느긋하게 사육하지 않는다. 시간이 길어질수록 그만큼 비용이 들어 수지가 맞지 않기 때문이다.

동물의 성장 기간을 단축하기 위해 공장식 축산에서는 인공적으로 성장 촉진제를 사용한다. 이를테면 rBGH(recombinant Bovine Growth Hormone. 유전자 조작 소 성장 호르몬, 몬산토에서 만든 GMO 성장 촉진제—옮긴이)는 동물 근육을 빨리 성장시키는 역할을 한다. 소에게는 큰 부담이 되고, 그 소를 먹은 인간 역시 화학물질을 흡수하는 것이다. 유럽연합에서는 성장 호르몬 사용을 금지했지만, 미국에서는 육우의 3분의 2가량에 사용한다(한국에서는 2017년 이후 국내 유통 및 판매 중단을 결정, 〈한국농정신문〉, 2017. 3. 4., '유전자 조작 소 성장 호르몬, 국내서 사라진다' 기사 참조—옮긴이). 또한 rBGH는 젖소의 우유 생산량을 늘리기 위해서도 사용하는데, 선진국 중에서는 유일하게 미국만 승인했다. 현재 미국에서 사육하는 젖소의 하루 평균 우유 생산량은 약 45킬로그램인데, 이는 일반적인 생산량의 10배에 해당한다. 이런 과정을 거쳐 공장식으로 사육당한 젖소의 상당수는 네 살이 되도록 걷지도 못한다. 그만큼 억지로 젖을 짠다는 말이다. 이처럼 공장식 축산 동물에게 성장 촉진제를 투여해 무리하게 성장시키고, 병에 걸릴까 봐 다량의 항생제를 투여한다. 생육 환경도 열악해서 육우와 젖소는 좁은 축사에 갇혀 방향조차 바꿀 수 없다.

양계장의 닭 또한 좁은 케이지에 갇혀 움직일 수도, 날갯짓을 할 수도 없다. 원래 닭은 무리 지어 생활하고 서열이 정해져 있다. 50마리까지는 서로 식별할 수 있지만, 그 이상이 되면 싸움이 시작되어 부리로 쪼아댄다고 한다. 그래서 이를 막기 위해 병아리일 때 부리의 뾰족한 부분을 잘라버린다. 업계 관계자는 고통이 없다고 주장하지만, 일부 연구자의 보고에 따르면 절단할 때는 고통이 심하지 않지만 닭 부리에 신경 조직이 지나고 있어서 24시간이 지난 후부터 극심한 통증이 시작되어 6주나 이어진다고 한다. 도살장에서는 닭을 산 채로 거꾸로 매달아 자동 절단기로 목을 자른다. 제대로 목이 잘리지 않으면 다른 방법으로 죽이거나 산 채로 펄펄 끓는 물에 집어넣는다. 열처리를 하면 깃털이 부드러워져서 털 제거가

쉬워지기 때문이다.

양돈장이라고 별반 다르지 않다. 좁은 축사에는 움직일 공간이 없다. 태어나자마자 귀에 홈을 내서 식별표를 끼우고 싸움을 방지하기 위해 송곳니를 뽑아버리는데, 이 모든 과정이 마취 없이 진행된다. 수퇘지를 거세할 때도 마찬가지다. 또한 좁은 돼지우리에서 스트레스가 높아지면 서로 꼬리를 물어뜯어서 이를 방지하기 위해 마취 없이 꼬리를 자른다.

물고기도 아픔을 느끼는 통각이 있다는 연구 보고가 있다. 물고기는 표정 변화가 없고 소리를 내지 못하니 겉으로 봐서는 통증을 느끼는지 알 수 없다. 에든버러 대학의 로슬린연구소에서 무지개송어의 머리 부분에 센서를 부착해 열과 화학적 자극을 주는 실험을 했더니, 조직에 손상을 입히는 자극에 반응하고 통증을 느끼는 듯한 행동과 생리적 변화를 보였다는 것이다. 이 반응은 고등 포유동물의 반응과 같다. 그렇다면 낚싯바늘에 걸린 물고기도 아픔을 느끼고, 그물망에 걸린 물고기는 산 채로 갑판에 던져져 질식하거나 해체당하는 동안에도 의식이 있다는 말이다.

소, 닭, 돼지와 같은 가축을 직접 마주할 일은 없다고 해도 개, 고양이와 같은 반려동물을 기르는 사람은 많다. 만약 반려동물이 아프거나 다치면 마음이 쓰여서 뭐든 하려 할 것이다. 마찬가지로 고기와 생선을 끊으면 동물의 고통을 줄일 수 있다. 내 몸의 건강을 돌보는 동시에 동물을 고통에서 구하는 방법이 있다는 사실을 알아주길 바란다.

채식으로 기아 문제를 해결할 수 있다

현재 전 세계에서 사육하는 가축 수는 비약적으로 증가하고 있다. 개발도상국의 1인당 국민소득이 증가하면서 채소와 곡물 위주의 식단이 육식 위주로 바뀌고 있기 때문이다. 빈곤이 해결되고 풍족해지는 것은 반가운 일이지만, 주머니 사정이 좋아지면 고기를 찾는 것 같아 참 안타깝다.

유엔식량농업기구[FAO]는 2050년까지 육류 소비량이 두 배로 증가하고, 우유 소비량은 80% 증가할 것으로 내다본다. 고기와 우유 생산량이 빠르게 늘수록 동물들은 더욱 열악한 처지에 놓일 것이다. 어디 그뿐일까? 가축이 증가할수록 옥수수를 비롯한 사료용 곡물량은 늘어나지만, 식용 곡물은 그만큼 줄어든다. 전 세계 곡물의 3분의 1 이상이 사료로 쓰이고 있다고 한다. 게다가 고기 1킬로그램을 만들어내려면 닭은 3킬로그램, 돼지는 7킬로그램, 소는 11킬로그램의 사료용 곡물이 필요하다. 소, 닭, 돼지는 인간보다 4~10배 이상의 곡물을 먹는 셈인데 축산업이 얼마나 비효율적인지 알 수 있다.

한편 지구상에는 기아로 고통받는 사람이 8억 명이나 된다. 사료로 쓰는 대신 이들에게 곡물을 나눠준다면 얼마나 많은 사람을 구할 수 있을까? 육식을 그만두면 기아로 고통받는 이들을 구할 수 있다. 모두가 비건이 되는 건 힘들겠지만, 한 명이라도 더 채식을 하면 지구는 더 아름답고 살기 좋은 세상이 될 것이다.

자연환경을 파괴하는 육식

마트에 가면 소고기, 돼지고기, 닭고기가 즐비하게 놓여 있다. 예전에는 그 광경이 아무렇지 않았지만, 지금은 다르다. 육식 인구가 늘어나면 그만큼 환경 파괴도 확대되기 때문이다. FAO가 2010년에 발표한 통계에 따르면, 육지의 30%를 차지하는 세계 산림 면적은 2000년부터 10년간 연평균 521만 헥타르가 감소했다고 한다. 대략 1분에 도쿄돔 2개, 한 시간에 127군데의 산림이 사라지는 속도다. 과도한 방목 때문에 무서운 속도로 산림이 사라진다. 특히 브라질 열대우림의 파괴 상황은 심각하다. 현지인들은 위법인 걸 알면서도 먹고살기 위해 벌목하고 가축을 방목한다. 그 과정에서 열대우림이 감소하고, 지구 온난화의 주범인 이산화탄소 배출량이 늘어난다.

또한 소와 양 같은 반추동물은 되새김하는 과정에서 트림으로 메탄가스를 발생시킨다. 대수롭지 않다고 생각할 수도 있지만 지구에서 사육하는 소만 14억 마리가 넘는다(2013년 FAO 보고). 분명 지구 환경을 위협할 만큼 메탄가스를 배출할 것이다. 소, 닭, 돼지가 만들어내는 배설물(분뇨)은 세계 인구가 배출하는 배설물의 130배 이상이다. 사람은 정화 하수 처리 시설이 있지만 가축의 분뇨는 제대로 처리하지 않는 곳도 많다고 한다(일본에는 가축배설물법이 있다[한국의 경우 가축분뇨법―옮긴이]). 분뇨를 쌓아두고 방치하면 하천과 지하수로 흘러들어 환경 오염을 일으킨다. 이것이 비단 한 나라만의 문제일까? 세계 곳곳에서 이런 일이 발생한다면 지구는 얼마나 많이 오염될까?

게다가 축산업이 번성하면 토양 침식이 발생할 수 있다. 농지에 사용하는 화학물질과 가축의 분뇨가 뒤섞이면 땅이 척박해지는데, 폭우가 쏟아지면 토양이 유실되기 십상이다. 국제식량정책연구소IFPRI에 따르면 세계 농업용지의 약 40%는 심각한 토양 침식이 진행 중인데, 그 원인의 약 55%가 축산업 때문이라고 한다. 토양의 열화 속도는 형성 속도의 10~40배나 빠르다. FAO가 실시한 아프리카 토양 조사에서는 표토의 두께가 1밀리미터 줄면 농지의 생산력은 2~5%나 감소한다고 밝혀졌다.

식용 동물이 많아질수록 토지는 황폐해지고 농업 용지는 줄어든다. 세계 최대 농산물 수출국인 미국도 토양 침식으로 매년 1%씩 농지가 사라지고 있다. 미국에서는 140여 년 전부터 소를 방목한 이래 서부 지역 표토의 절반 이상이 소실됐다. 고기를 먹는 행위가 지구를 얼마나 파괴하는지 깨달았으리라.

육식 때문에 물이 부족하다고?

일본에는 하천이 많아 물 부족 현상이 그다지 심각하게 다가오지 않는다. 하지만 다른 나라로 눈을 돌려보면 위기 상황이다. 세계수자원개발보고서WWDR에 따르면 약 7억 6,800만 명이 물 부족을 겪고 있다. 개발도상국에서는 물을 긷느라 학교에 가지 못하고, 깨끗한 식수가 없어 설사병으로 목숨을 잃는 어린아이도 있다.

세계적으로 물이 어떻게 쓰이는지 살펴보자. 사용량의 무려 70%가 농업용이다. 앞에서 지적한 대로 옥수수와 같은 곡물은 많은 양을 사료용으로 경작한다. 귀하디귀한 물이 고기를 만들어내는 데 쓰이는 셈이다. 세계수자원평가프로그램WWAP은 같은 양의 물을 사용해 고기와 곡물을 생산할 때 고기의 생산 효율이 낮다고 밝혔다(표 2). 표 2에서 보듯이, 소고기 생산에는 쌀, 밀, 옥수수를 경작하는 데 필요한 물의 10배 이상이 필요하다.

그리고 연간 곡물 수요 예측에서 식용 곡물 소비량은 1975~2000년까지 거의 변화가 없지만, 사료용 작물 수요량은 해마다 증가한다. 그래서 물 부족이 우려되는 것이다.

이렇듯 고기를 먹는 사람이 늘어날수록 물 부족 문제가 심각해진다. 이대로라면 물을 둘러싼 전쟁이 일어날 가능성도 있다. 물은 살아 있는 모든 생명체에게 반드시 필요한 만큼, 어떻게 사용할지 신중히 생각해야 할 때다.

표 2 곡물 수요 예측과 물 고갈 상황

생산물	물 1m³당 생산량	
	kg / m³	kcal / m³
밀	0.2~1.2	660~4,000
쌀	0.15~1.6	500~2,000
옥수수	0.3~2.0	1,000~7,000
소고기	0.03~0.1	60~210

곡물 수요 예측

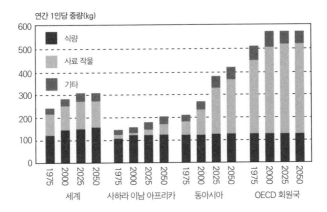

연간 1인당 중량(kg)

- 식량
- 사료 작물
- 기타

세계 사하라 이남 아프리카 동아시아 OECD 회원국

물 고갈 상황

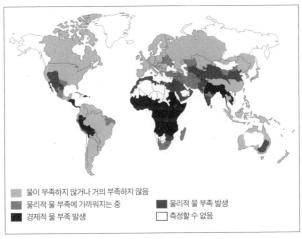

- 물이 부족하지 않거나 거의 부족하지 않음
- 물리적 물 부족에 가까워지는 중
- 경제적 물 부족 발생
- 물리적 물 부족 발생
- 측정할 수 없음

참조: 〈A Comprehensive Assessment of Water Management in Agriculture〉(2007)
출처: 유엔세계수자원평가프로그램, 〈세계수자원개발보고서〉(2009)

급감하는 해양 생물과 야생동물

일본인의 참치(다랑어) 사랑은 세계적으로 유명한데, 그만큼 무분별한 포획으로 참치가 바다에서 사라지고 있다. 참치 어획량은 1975년 연간 약 90톤에서 2005년 약 221톤으로 대폭 늘어났다. 놀랍게도 세계참치어획량의 약 4분의 1을 일본인이 소비한다. 북태평양 다랑어 및 다랑어 유사종 국제과학위원회[ISC]의 보고에 따르면, 스시로 만드는 태평양 참다랑어 자원량은 남획 전의 4% 이하로 급감하여 사상 최저 수준이다. 나머지 96%는 최근 십 수년간 잡아서 먹어치웠다는 뜻이다.

참다랑어는 세 종류로, 태평양 참다랑어, 대서양 참다랑어, 남방 참다랑어가 있다. 세계자연보전연맹[IUCN]

의 적색 목록(멸종 위기 야생동물)에서 남방 참다랑어는 위기종EN으로, 대서양 참다랑어도 최소관심종LC으로 분류했다.

최근에는 생포한 새끼 다랑어에게 사료를 먹여 살찌우는 축양(어류 등을 일정 기간 살려두는 것을 목적으로 못이나 채롱 등에 수용하는 것을 말한다—해양용어사전) 방식을 이용한 참치 양식업이 늘고 있는데, 그 과정에서 죽는 개체도 많을뿐더러 무분별한 포획이 끊이지 않는다. 그뿐 아니라 참다랑어와 남방 다랑어 1킬로그램을 살찌우는 데 10~25킬로그램의 정어리가 필요하므로, 정어리마저 마구 잡아들인다.

갑작스레 줄어드는 것은 물고기만은 아니다. 사료용 곡물 재배를 목적으로 한 벌목으로 야생동물의 서식지가 감소해 생존이 위협받는다. 산림이 감소하면 지구온난화가 심화되고, 육지 생물뿐 아니라 해양 생물도 타격을 받는다.

이런 마구잡이 포획과 자연환경의 격변으로 1만 종이 넘는 동물이 멸종 위기에 처했고, 이미 멸종한 종도 있다. 특히 해양 생물의 멸종 속도는 점차 빨라져서 물고기를 비롯한 해양 생물 수가 2048년까지 기하급수적으로 감소할 것이라고 예측하는 과학자가 있을 정도다.

해양 생물과 야생동물의 멸종은 우리가 사는 지구 환경에도 위협이 된다. 먹거리를 포함한 생활 방식을 바꾸지 않으면 지구의 미래도 보장할 수 없다.

우리가 할 수 있는 일

내가 채식을 시작한 계기는 건강 때문이었지만, 로푸드를 공부하면서 고기를 생산하는 동물의 비참한 상황을 알고부터는 더 이상 고기를 먹지 않겠다고 마음먹었다. 과연 동물을 학대하면서까지 고기를 먹어야 할까? 이제껏 고기와 생선, 달걀, 유제품을 먹어왔지만, 의외로 고기, 생선, 달걀은 쉽게 끊을 수 있었다. 하지만 1장에서도 이야기했듯이, 유제품만은 좀처럼 끊기 힘들었다. 그러니 여러분도 할 수 있는 것부터 실천해보길 바란다.

평소보다 채소를 늘리거나 고기 메뉴를 줄이거나, 아니면 일주일에 하루만이라도 고기 없는 날을 정하는 등 방법은 여러 가지다. 막상 해보면 식단을 바꿀 수 있겠다는 생각도 들어서 채소는 더 늘리고 고기는 더 줄일 수 있다. 채소 중심의 식단으로 몸이 가벼워지고 건강이 좋아지면 드디어 여러분도 비건 동지가 된 것이다.

비건이 된 후, 옷과 화장품을 어디에서 사야 할지 몰라 난감했다. 일본에는 비건 제품이 드물어서 옷을 살 때는 소재를 확인한다. 품질 표시에 울, 실크, 가죽, 다운이라 적혀 있으면 디자인이 아무리 마음에 들어도 사지 않는다. 소재를 알 수 없을 때는 직원에게 소재가 동물성인지, 면이나 리넨, 합성 섬유로 된 제품은 없는지 확인한다. 직원에게 이런 질문하는 것은 매우 중요한 행위로, 자신의 행동을 스스로 결정하고 미래를 개척하는 것이기 때문이다. 비건이 음식만이 아닌 생활 방식 전반을 아우르는 사상이라는 말은 바로 이런 의미에서다. 의류를 구매할 때는 가능한 한 본인의 눈으로 직접 확인하자.

최근에는 동물성 소재를 사용하지 않는 브랜드도 생겨나서 인터넷에서 검색하면 찾을 수 있다. 이제는 모피와 다운의 방한 기능을 대체할 수 있는 소재도 많아서 굳이 동물성 의류가 아니라도 패션을 즐길 수 있다. 나는 가방과 구두를 취급하는 해외 사이트 VEGAN CHIC(www.veganchic.com)을 자주 이용하는데, 다양한 브랜드가 입점된 온라인 쇼핑몰이다.

의류와는 다르게 화장품은 성분표를 봐도 동물성 성분이 들어 있는지 쉽게 확인하기 어렵다. 더구나 동물실험을 했는지는 알 길이 없다.

그래서 나는 미국에 본사를 둔 온라인 쇼핑몰 아이허브(iherb.com)를 즐겨 찾는다. 건강 보조 식품부터 허브, 입욕제, 화장품, 식품, 아기용품, 스포츠용품, 일상 잡화에 이르기까지 친환경 유기농 제품을 다양하게 취급한다. 미국의 비건 상품에는 토끼 마크(www.leapingbunny.org/)가 있어서, 동물성 성분을 사용하지 않았고, 동물실험도 하지 않았다는 것을 보증한다.

지금 내가 사용하는 기초 화장품은 아이허브에서 구매했다. 상세검색창에 '비건', '동물실험 하지 않음' 항목에 표시하고 검색하면 상품이 뜬다. 일본 상품에는 아직 아무 표시가 없고, 제품 포장지를 살펴봐도 식물성인지 동물성인지 알 수 없어서 직접 알아보는 수고가 필요하다.

소비자가 어떻게 움직이냐에 따라 '비건', '동물실험 하지 않음' 표시를 한 상품이 개발될 수 있다. 일본에서는 아직 비건이 소수이고 소비자의 목소리도 작지만, 언젠가는 비건을 위한 상품이 출시되리라 믿는다. 혹시 '비건' 표시를 보거든 꼭 알려주길.

3장

자연, 건강 그리고 음식 철학

자연위생학과의 만남

나는 로푸드 중심의 식단을 하고 있는데, 채식에는 다양한 식단이 있다. 동양의 음양 사상 원리를 바탕으로 현미와 채소, 해초를 사용한 매크로바이오틱, 현미 생식과 생채소즙으로 소식하는 니시식 고다 요법(니시 의학 식이요법을 바탕으로 고다 미쓰오 박사가 고안한 건강법—옮긴이), 그리고 정신 수양에 적합한 불교 계율에 따른 사찰 요리 등이다. 모두 채식이 기본이며 동물성 식품은 먹지 않는다는 공통점이 있어서 개인의 취향과 체질, 환경에 맞춰 선택할 수 있다.

나도 우연히 로푸드를 알게 됐다. 1장에서 밝혔듯이, 내가 로푸드 식단을 만난 것은《다이어트 불변의 법칙》이라는 책 때문이다. 이 책을 읽고서 생채소와 과일만으로도 건강을 유지할 수 있다는 사실을 알았다. 그리고 습관적으로 했던 육식이 동물을 참혹한 상황으로 몰아가고, 나아가서는 지구 환경과 소중한 자원까지 파괴한다는 사실도 깨달았다. 《다이어트 불변의 법칙》은 단순히 식사법에 관한 책이 아니라, 삶의 방식을 바꿔주는 일종의 철학서다. 식단을 바꾸는 데는 상당한 용기가 필요하고, 지금껏 살아온 방식을 바꿔야 하기 때문이다. 또한 이 책은 자연위생학Natural Hygiene이라는 자연철학을 근본으로 한다.

자연위생학이란 도대체 무엇일까? 한마디로, 생활습관을 개선해 몸속을 깨끗이 비워내는 것이다. 이는 지구를 정화하고, 나아가서는 지구와 인류가 조화를 이루는 길이기도 하다. 자연위생학은 1830년대 미국의 의사들이 처음 주장한 것이지만, 그 기원은 고대 그리스로 거슬러 올라간다. 2장에서도 소개했듯이, 현대 의학의 아버지라 불리는 히포크라테스는 "음식이 곧 약이고 약이 곧 음식이다. 음식으로 못 고치는 병은 약으로도 못 고친다"라고 했다.

애초에 사람의 몸은 영양가 있는 음식으로 건강을 지키게끔 만들어졌다. 양질의 영양분은 건강한 피를 만들고 신체 조직을 활성화시킨다. 동시에 뇌의 조직세포에도 영향을 준다. 몸이 건강하면 마음도 안정되는 것은 그러한 이유에서다.

세계보건기구WHO는 건강을 다음과 같이 정의한다.

"건강이란 단순히 질병이 없는 상태가 아니라, 육체적·정신적·사회적으로 완전히 안정된 상태를 말한다."

그야말로 자연위생학은 세계보건기구의 정의를 그대로 실천한다고 볼 수 있다. 쉽게 말하면 육식하지 않기, 자연 식물식Plant-Based Whole Food 하기다. 나에게 자연위생학은 비정제, 비가공의 비건의 삶을 완벽하게 실천하기 위한 길잡이다. 태양의 기운을 받고 잘 자란 채소와 과일을 먹는 것은 지구 또는 우주가 하나로 연결되어 있다는 의미다. 실제로 음식을 통해 인간과 자연이 하나 됨을 느낀다. 이것이 내가 하루를 살아가는 생활 에너지의 원천이다.

독소를 제거하는 인간의 능력

인간의 몸은 약 37조 2,000억 개의 세포로 되어 있는데 (60조 개라는 이야기가 있었는데, 최근 연구에서 이렇게 밝혀졌다. 어쨌든 둘 다 상상을 초월하는 숫자다), 매일 3,000~8,000억 개의 세포가 죽고 그 노폐물은 장과 방광, 피부와 폐를 통해 배출된다. 피부세포는 죽으면서 각질이 되어 떨어져나가고 새로운 세포가 생겨난다. 이것을 신진대사 작용이라고 하는데, 신진대사가 활발하면 우리 몸은 정상적으로 기능한다. 한편 죽은 세포가 계속 체내에 쌓이면 유해 물질로 바뀐다. 죽은 세포는 노폐물이라 빨리 배출해야 한다. 자칫 노폐물이 독소로 변해 몸속을 돌아다니다가 건강을 해칠 수 있기 때문이다.

자연위생학의 기본 원리를 살펴보자.

"몸이라는 것은 문제가 닥쳤을 때 스스로 알아서 정화하고 스스로 치유하며 스스로 건강한 상태를 유지하는 방향으로 나간다는 것이다."(《다이어트 불변의 법칙》, 37쪽)

몸에 맞는 식생활을 하면 이런 신체 능력이 제대로 발휘된다. 몸에 좋은 음식을 먹으면 신진대사도 활발해지고 독소도 원활하게 배출된다. 하지만 몸에 나쁜 음식을 먹어댄다면 스스로 정화하고 치유하고 유지하는 신체 능력은 발휘될 수 없다. 그 결과 노폐물이나 독소가 체외로 배출되지 않고 혈액으로 흘러든다. 현대인은 신선하고 싱싱한 먹거리보다 가공식품을 많이 먹고, 생명력 가득한 식재료를 굳이 굽고 튀기고 볶는다.

자연위생학의 관점에서 보면 우리 몸은 가열 처리한 식품이나 첨가물이 많은 음식을 처리하는 데 적합하지 않다. 그런 음식을 많이 먹으면 전부 소화, 흡수하지 못해 몸속에 쌓이고, 체내 노폐물은 독소가 되어 세포 조직을 손상시킨다.

요즘 들어 살이 찐 것 같다면, 체내에 독성 노폐물이 쌓여 있지는 않은지 의심해보자. 비만은 만성질환의 시작이다. 비만을 막기 위해서라도 정화하고 치유하고 유지하는 힘을 발휘하는 식습관을 가져야 한다.

몸에 맞는 식사 시간을 알자

하루가 24시간 주기이듯, 사람의 몸도 24시간 리듬에 맞춰져 있다. 사람은 사는 동안 매일 일정한 규칙에 따라 음식물을 처리한다. 처리 능력은 세 가지 시간대별로 달라서, 이 주기대로 잘 순환할 때 그 기능이 제대로 작동한다. 3대 주기는 음식물을 먹고(섭취 주기), 흡수하고(동화 주기), 노폐물을 버리는(배출 주기) 것이다. 몸은 이 주기를 반복하는데, 하루 동안 각각의 기능이 가장 활발한 시간대가 있다. 다음은 그 주기를 나타내는 표다.(표 3)

이 주기의 시간대를 보면 새벽 4시부터 낮 12시까지는 비우는 시간이다. 아침부터 정오까지 몸속에 쌓인 노

표 3 효과적인 식사 주기

- 낮 12시~저녁 8시 섭취 주기(섭취와 소화)
- 저녁 8시~새벽 4시 동화 주기(흡수와 대사)
- 새벽 4시~낮 12시 배출 주기(노폐물과 가스 배출)

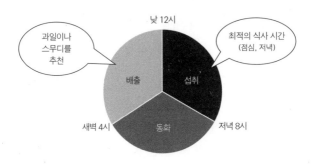

※ 자연위생학을 참고하여 하루를 3등분함.

폐물을 배출하면 독소가 쌓이지 않는다. 변비이던 사람이 쾌변하고, 하루 한 번 배변하던 사람이 여러 번 배변하는 게 어렵지 않다. 동시에 어깨 결림, 두통, 요통, 변비, 여드름, 피부 질환 등의 불쾌한 증상이 사라진다. 참고로 나는 아침 식사를 거의 하지 않는다. 먹더라도 신선한 과일이나 직접 만든 스무디 위주다.

배출 시간이 끝난 뒤 공복 상태가 되는 낮 12시부터 저녁 8시까지 채우는 시간이다. 이때 식사하는 것이 효율성이 좋고 소화도 잘된다. 저녁 8시부터 새벽 4시까지는 섭취한 음식에서 나온 영양소를 체내로 흡수하는 동화 시간이다. 음식물이 소화되기까지는 식후 세 시간 이상 걸린다. 그러므로 저녁 식사는 섭취 시간이 끝나는 오후 8시보다 세 시간 전에 해야 한다. 즉, 오후 5시에는 저녁 식사를 마쳐야 오후 8시부터 새벽 4시까지 제대로 동화 기능을 할 수 있다.

3대 주기에 맞추기 위해 한 끼를 굶어야 하는 것이 불만일 수도 있지만, 하루에 세 끼를 다 챙겨 먹을 필요는 없다. 삼시 세끼를 먹게 된 건 최근 일이고, 고대 그리스나 로마 전성기에는 하루 한 끼가 일반적이었다고 한다. 나라를 지키기 위해 적국과 싸우는 용맹한 병사도 하루 일과를 마친 후에야 식사를 했다. 배가 부르면 능률이 떨어진다는 이유에서였다. 일본에서 하루 세 끼가 일반화된 건 무로마치 시대(1336~1573년까지 아시카가 막부가 집권한 시대—옮긴이)였다.

꼭 아침 식사를 해야겠다면 과일을 추천한다. 과일에 대해서는 뒤에서 자세히 다루겠지만, 과일을 소화할 때는 에너지 소모가 거의 없다. 그러면 배출 시간에도 별다른 영향을 미치지 않고 개운한 오전 시간을 보낼 수 있다.

우리 몸이 좋아하는 음식, 과일과 채소

인간은 영장류다. 그리고 인간과 같은 영장류인 오랑우탄, 침팬지, 고릴라의 주식은 채소와 과일이다. 침팬지의 주식을 살펴보자. 50%가 과일이고, 40%는 부드러운 나뭇잎이나 풀, 나머지 5%는 나무뿌리 등이다. 가끔은 개미를 먹기도 하지만, 그 비율은 4%도 되지 않는다.

인간과 침팬지는 약 600만 년 전에 분리되어 따로 진화했다고는 하지만, 우리 몸의 기능은 침팬지와 아주 흡사하다. 2001년 1월, 과학 전문 주간지인 〈네이처〉에 이런 기사가 실렸다. "인간과 침팬지의 DNA는 매우 유사하며, 차이는 1.23%에 불과하다." 또 매사추세츠 공대의 도네가와 스스무 교수도 "인간과 침팬지는 체모와 두

뇌 발달 면에서 약간의 차이가 있을 뿐, 해부학적으로 보면 신체 구조와 소화 기관 등 대부분의 대사 기능이 상당히 비슷하다"라고 주장했다.

인간은 진화 과정에서 육식하는 습관이 생겼다. 그러나 처음에는 채소와 과일을 먹었고 그 사실은 유전자 연구로 증명되었다. 그렇다면 '인간은 동물성 단백질을 섭취하지 않으면 건강을 유지할 수 없다'는 이야기는 신빙성이 떨어진다. 일본만 해도 2차 대전 이전에는 밥, 국, 반찬 한 가지로 소박한 식사를 했다. 그런데도 농민들은 농사를 짓고 60킬로그램이나 되는 쌀가마니를 짊어졌다. 고기를 먹지 않아도 근육이 탄탄하고 힘이 셌다는 말이다. 그러다가 제2차 세계대전 이후 미국의 영양학적 지식이 일본으로 건너오면서 동물성 단백질을 섭취하기 시작했다. 그때부터 일본인의 식생활이 서구화되고 식물성에서 동물성 위주의 식사로 바뀌었다. 그 결과 암, 당뇨병, 심장병, 뇌졸중 환자가 늘어났다. 그렇다면 인간의 몸은 고기보다는 과일이나 채소와 궁합이 맞는 게 아닐까?

과일과 채소로 노폐물을 씻어내자

우리 몸의 50~70%는 물로 채워져 있다. 몸무게의 약 65%를 차지하는 수분의 3분의 2는 세포가 머금고 있으며, 나머지 3분의 1은 세포와 세포 사이의 간질액^{間質液}과 혈액에 포함되어 있다. 체내 수분이 있어야 생명이 유지되고, 수분이 없으면 4~5일 정도밖에 살 수 없다. 그만큼 수분은 중요하기 때문에 영양이 풍부하고 생명력 있는 수분이 필요하다. 체내에 축적된 노폐물을 씻어내는데 최적의 음식이 바로 수분이 풍부한 과일과 채소다.

채소와 과일이 함유하고 있는 수분은 일반적인 물과 다르다. 과일이나 채소에는 당질, 미네랄, 비타민, 식이섬유, 효소와 같은 영양소가 잔뜩 포함되어 있다. 과일이나 채소를 섭취하면 이런 영양소를 머금은 수분이 혈액을 타고 전신을 돌며 세포로 운반되고, 세포에서 빠져나온 노폐물은 체외로 배출된다. 이 과정에서 수분이 부족하면 영양소 운반과 노폐물 배출이 제대로 이뤄지지 않는다. 그대로 두면 노폐물이 체내에 쌓여 건강이 나빠지거나 병에 걸리기도 한다.

자연위생학에서는 적어도 식단의 70%를 과일과 채소로 채우기를 권장한다. 당연히 생으로 먹는 것이 좋다. 그렇게 해야 체내 독소를 씻어낼 수 있기 때문이다. 매일 세수를 하고 샤워하듯이 체내의 오염물도 씻어낼 필요가 있다. 이를 게을리했다가는 건강을 잃을 수도 있다.

과일은 최고의 에너지원

과일에는 과당이 많아서 많이 먹으면 살이 찐다고 오해하는 사람이 있다. 바나나처럼 당분이 많은 과일은 많이 먹으면 살이 찔 수도 있지만, 적당히 먹으면 괜찮다. 오히려 인간에게 필요한 에너지원으로는 최고의 먹거리라고 할 수 있다. 인간은 에너지원이 없으면 호흡하고, 심장이 뛰고, 운동하고, 생각하고, 음식을 소화하는 행위가 불가능하다. 자동차에 연료가 없으면 움직일 수 없듯이, 인간의 몸 또한 에너지가 되는 영양소가 없으면 내장과 근육을 움직일 수 없다.

과일은 위에 머무르는 시간이 20분 정도라서 과일의 에너지 전환율은 90%나 된다. 소화에 쓰이는 에너지량은 과일이 신체에 공급하는 에너지 총량의 고작 10%에 불과하다. 그에 비해 탄수화물인 쌀(밥)은 소화시키는 데 30%나 되는 에너지를 사용한다. 고기는 70%나 되는 에너지를 소화에 사용한다.

프래밍햄 심장연구소Framingham Heart Study 소장이자 하버드 의과대학 교수인 윌리엄 카스텔리는 과일의 정화 능력에 대해 다음과 같이 설명했다.

"많은 종류의 과일에서 발견된 놀라운 물질이 심장 질환이나 심장 발작의 위험을 줄여줄 수 있다. 그 물질은 끈적끈적한 피로 인해 동맥이 막히는 것을 방지함으로써 심장을 보호한다."(《다이어트 불변의 법칙》, 110쪽)

프레이밍햄 심장연구소는 1949년부터 미국 매사추세츠주 프레이밍햄 마을 주민을 대상으로 심혈관 코호트 연구를 진행 중인데, 과일과 채소의 섭취를 늘리면 심장병의 위험이 줄어든다는 것을 발견했다. 또 다른 연구에서도 과일과 채소를 많이 먹는 그룹에서는 심장 발작을 일으키는 사람이 적다는 사실이 밝혀졌다.

신선한 과일을 있는 그대로 먹어라

과일에는 몸을 정화하는 기능이 있지만, 주의할 사항이 있다.

첫째, 신선하고 잘 익은 과일을 먹어라. 그렇지 않으면 정화 기능을 제대로 발휘할 수 없다. 통조림이나 과일절임, 농축 주스는 가열·살균 처리하면서 비타민과 식이효소가 파괴되기 때문에 체내 정화는커녕 오히려 몸에 부담을 준다. 체내 독소를 정화하고 체외로 배출하려면 생과일을 먹든지 신선한 과일 주스나 스무디로 마셔야 한다.

둘째, 과일주스도 마시는 방법이 있다. 먼저 한 모금 마신 뒤 타액과 잘 섞이도록 천천히, 씹듯이 마시는 게 좋다. 벌컥벌컥 마시는 건 금물이다. 착즙기로 짜낸 주스는 껍질과 씨가 걸러져 식이섬유가 적기 때문에, 한번에 마시면 과일에 함유된 당이 한꺼번에 혈액으로 흘러들어가 혈당이 올라간다. 주스를 벌컥벌컥 마셨다면 물도 그만큼 마셔 희석하자. 그에 비해 믹서기로 갈아 만든 스무디는 껍질과 씨를 통째로 갈기 때문에 식이섬유와 영양소가 풍부하다. 그리고 과일 주스보다 당의 흡수가 느려서 혈당이 급격히 올라가지 않아 안심할 수 있다.

셋째, 식후에 과일은 20~30분 정도 기다렸다가 먹는 것이 좋다. 식후 디저트로 과일을 먹으면 위에 부담이 되기 때문인데 가능하면 삼가는 게 더 좋다.

과일과 채소에도 풍부한 단백질

"고기를 먹어야 힘이 나지"라며 고기나 생선을 챙겨 먹는 사람이 많다. 대부분 고기나 생선을 먹지 않으면 단백질 섭취가 어려워서 근육이 붙지 않는다고 생각한다. 나 역시 그렇게 생각한 때가 있었다.

하지만 인간의 몸을 구성하는 단백질은 단백질을 먹는다고 해서 생기지 않는다. 단백질은 음식에 포함된 아미노산으로 만들어져서, 고기를 먹는다고 그대로 몸속에서 단백질이 되는 게 아니라는 말이다. 단백질은 체내에서 소화되어 그 구성 물질인 아미노산으로 분해되었을 때 비로소 체내에 필요한 단백질을 합성할 수 있다. 중요한 건 단백질이 아니라 아미노산이다. 물론 고기나 생선의 단백질에도 아미노산은 있다. 하지만 단백질에는 파괴되기 쉬운 성질이 있어서 조리 과정에서 열을 가하면 파괴되거나 응고되고, 아미노산은 제대로 역할을 할 수 없다. 열을 가한 고기와 생선의 단백질은 유해 물질로 체내에 남고, 그것을 배출하기 위해 몸에 불필요한 부담을 준다. 무엇보다 동물성 단백질은 소화하는 데만 12~24시간이 걸린다. 영양분이 되기는커녕 신체 정화를 위해 에너지를 소모해야 하고 체중마저 늘어난다.

고기나 생선에 포함된 아미노산을 효과적으로 사용하기 위해서는 날것으로 먹어야 한다. 일본인은 생선을 회로 먹는 습관이 있지만, 늘 회만 먹을 수는 없는 노릇이다. 육회나 생간을 즐기는 사람도 있는데, 식중독의 우려가 있어서 추천하지는 않는다.

아미노산을 섭취하려면 어떻게 해야 할까? 아미노산에는 23종류가 있는데, 그중 15종은 체내에서 합성되지만 나머지 8종은 음식을 통해 섭취해야 한다. 이 8종의 아미노산을 필수 아미노산이라고 하는데, 필수 아미노산이 골고루 함유된 음식이 있다. 바로 과일, 채소, 견과, 씨앗이다. 참고로 채소에는 얼마만큼의 단백질이 들어 있는지 다음 표를 살펴보자. 과일과 채소, 견과, 버섯, 보리, 쌀에도 단백질이 포함되었다는 사실을 알 수 있다.(표 4)

표 4 채소와 과일의 단백질 함량표

(식용 가능한 부분 100g 기준)

식품명	단백질	식품명	단백질
건조 바나나	3.8	데친 표고버섯	2.4
아보카도	2.5	데친 느티만가지버섯	2.7
바나나	1.1	새송이버섯	3.6
멜론	1.1	데친 양송이버섯	3.8
오렌지	1.0		
키위	1.0	생미역	1.9
버찌(일본산)	1.0	건조톳	10.6
리치	1.0	구운 김	2.3
딸기	0.9		
자몽	0.9	보리(분말)	7.0
귤	0.7	삶은 보리면	4.8
사과	0.2	밀가루(일본산, 현맥)	6.5
		삶은 우동	2.6
청경채	0.6	현미밥	2.8
시금치	2.2	백미밥	2.5
브로콜리	3.5	칠분도미밥	2.6
무청	2.2	팥밥	3.9
데친 쑥	4.8	생율무	13.3
양상추	1.7		
잎상추	1.4	비름	12.7
적상추	1.2	메밀국수(통메밀)	12.0
루꼴라	1.9	삶은 메밀국수	4.8
데친 고사리	1.5	찐 옥수수	3.5
케일	2.1	데친 당근(껍질 제외)	0.6
		무(껍질 제외)	0.4
볶은 호두	14.6	데친 죽순	3.5
건조 아몬드	18.6	가지	1.1
캐슈너트	19.8	비트	1.6
튀긴 해바라기씨	20.1	연근	1.9
볶은 호박씨	26.5	야콘	0.6
표고버섯	3.0		

견과류, 씨앗류는 단백질을 섭취하기에 좋지만, 지방도 많아 칼로리가 높다. 많이 먹지 않도록 주의하자.

출처: 〈일본식품표준성분표 2010년 판〉 ※ 단, 야콘은 2015년 판을 참고하여 계산
작성: 후카모리 후미코

표 5 조리 후 100kcal당 영양가

	브로콜리	시금치	병아리콩	대두	등심 스테이크 (와규)	계란	닭가슴살
단백질(g)	13.0	10.4	5.5	8.4	2.3	8.5	21.6
식이섬유(mg)	13.7	14.4	6.7	3.7	0.0	0.0	0.0
칼슘(mg)	1221.1	276.0	26.1	44.9	0.6	33.8	7.0
철(mg)	2.6	3.6	0.7	1.2	0.2	1.2	0.5
마그네슘(mg)	63.0	160.0	29.6	56.8	2.4	7.3	18.4
칼륨(mg)	666.5	1960.0	203.0	301.0	36.0	86.1	245.5
아연(mg)	1.1	2.8	1.0	1.1	0.6	0.9	2.1
비타민B1(mg)	0.22	0.20	0.09	0.10	0.01	0.04	0.08
비타민B2(mg)	0.33	0.44	0.04	0.55	0.02	0.26	0.10
비타민B3(나이아신)(mg)	1.48	1.20	0.23	0.23	0.72	0.01	9.64
비타민B6(mg)	0.44	0.32	0.10	0.06	0.05	0.05	0.58
비타민C(mg)	199.9	76.0	0.0	–	0.0	0.0	0.0
β카로틴(㎍)	2851.3	21600.0	–	1.7	0.0	2.0	0.0
α−토코페롤(mg)	6.3	10.4	1.0	0.9	0.1	0.7	0.1
지질(mg)	1.5	1.6	1.5	5.6	9.5	6.6	0.9
당질(g)	4.4	2.8	11.6	0.9	0.0	0.9	0.0
중량(g)	370.0	400.0	58.5	56.8	20.0	66.2	88.7

※ 〈일본식품표준성분표 2015년 판〉을 참고하여 계산

　　표 5는 100킬로칼로리당 영양소를 채소와 동물성 식품으로 비교한 자료인데, 브로콜리에는 등심 스테이크보다 단백질이 5.6배, 칼슘은 203배, 마그네슘은 26배나 더 많이 들어 있다. 마그네슘은 최근 주목받는 미네랄 중 하나로, 혈당을 내리고 뼈를 튼튼하게 한다고 알려져 있다. 아무리 칼슘을 많이 섭취해도 마그네슘이 부족하

면 뼈가 튼튼해질 수 없다. 또한 마그네슘은 전신 세포가 사용하는 대사 효소를 활성화하는 데 필요한 성분으로, 대사 효소가 없으면 망가진 장기를 회복할 수 없다. 따라서 몸을 구성하는 데 마그네슘은 매우 중요한 영양소다. 브로콜리가 얼마나 영양가가 많은지 알 수 있다.

비건이 된 후로, "고기를 안 먹으면 단백질이 부족하지 않아?"라며 걱정하는 사람이 많았다. 하지만 고기를 먹지 않아도 과일과 채소를 먹으면 단백질이 부족할 일은 없다. 야생 고릴라는 인간보다 훨씬 힘이 세서 90킬로그램 정도의 건장한 사람은 멀리 던져버릴 만큼 힘이 좋다. 고릴라가 고기를 먹을까? 아니다, 과일과 식물을 먹는다. 그러고도 자연에서 충분히 단백질을 섭취하고 근육을 만든다. 결국 "고기를 먹어야 힘이 나지"라는 얘기는 현대인이 만들어낸 미신에 불과하다.

단백질을 저장하는 아미노산 풀

　우리는 매일 단백질을 섭취하지 않으면 생명을 유지할 수 없다고 착각한다. 하지만 실제로 체내에 약 37조 2,000억 개나 되는 세포 하나하나에서 단백질이 재순환되고 있다. 오래된 단백질이나 이물질을 모아서 분해하고, 그 과정에서 생긴 아미노산을 사용하여 새로운 단백질을 합성한다. 이런 작용이 세포 내에서 이루어진다는 사실은 1974년 노벨 생리의학상 수상자인 벨기에 출신의 크리스티앙 드뒤브 박사가 1960년대에 발견했다. 하지만 그 메커니즘까지는 알지 못했는데, 도쿄공업대의 오스미 요리노리 명예교수가 그 원리를 규명해 2016년 노벨 생리학상을 수상했다. 오스미는 세포 내부에서 자가포식하는 오토파지^{Autophagy} 현상을 발견하고, 오래된 단백질이 아미노산으로 분해되어 다시 사용되는 현상을 규명했다.

게다가 인체에는 아미노산 풀$^{\text{Aminoacid Pool}}$이라는 기적 같은 메커니즘이 갖춰져 있다. 이것은 음식물을 소화하여 생긴 아미노산이나 단백질의 노폐물을 재활용한 아미노산과 같은 여러 종류의 아미노산을 모아서 저장하는 기능을 말한다. 이 아미노산 풀에 저장된 아미노산은 혈액과 림프 조직을 돌아다니면서 몸이 필요로 할 때 바로 사용된다. 참고로 재활용되는 것은 노폐물이 된 단백질의 70%에 이른다고 한다. 이처럼 단백질이 재순환되면 단백질을 많이 섭취할 필요가 없다. 동물성 단백질을 섭취해야 한다는 강박관념에 사로잡혀 있다면 객관적인 사실을 살펴봐야 할 것이다.

몸에 해로운 동물성 단백질의 과잉 섭취

이렇듯 단백질은 재순환되기 때문에, 육식을 하면 필요 이상의 단백질을 섭취하는 셈이다. 실제로 우리 몸이 하루에 소화하는 단백질은 겨우 23그램이다. 그런데 후생노동성(한국의 보건복지부에 해당-옮긴이)이 제시한 1일 단백질 섭취량은 남성 60그램, 여성 50그램이다. 단백질을 과잉 섭취하면 분해 과정에서 질소로 분리되면서 암모니아로 바뀐다. 암모니아는 인체에 해로운 맹독 물질이다. 그래서 간에서 무해한 요소尿素로 바뀌어 신장을 통해 소변으로 배출된다. 이런 과정을 거쳐 독소를 배출하면서도 매일같이 단백질을 먹는다.

단백질을 과잉 섭취하면 더 많은 질소를 소변으로

배출해야 하므로 간과 신장에 부담을 준다. 또 고기와 같은 동물성 단백질을 많이 섭취하면 요로결석에 걸리기 쉽다. 동물성 단백질은 옥살산과 요산을 늘리지만, 그중 대부분은 장에서 칼슘과 결합해 대변으로 배출된다. 그런데 장에서 다 흡수하지 못한 옥살산은 소변으로 배출될 때 소변 속 칼슘과 결합한다. 그 결과 결석이 생겨 요관을 막는 원인이 된다. 또한 동물성 단백질을 과잉 섭취하면 장내 환경이 무너진다. 체내에서 흡수하지 못한 단백질이 그대로 장으로 가면 유해균의 먹이가 되어 장내 환경에 영향을 미치기 때문이다. 그러면 장운동이 약해지면서 식중독이나 발암물질이 발생할 수도 있다.

반면 식물성 단백질은 동물성 단백질보다 순하고 부담이 없다. 게다가 식물성 식품에는 동물성 식품에는 없는 식이섬유와 항산화물질, 파이토케미컬 등 유익한 영양소가 많이 함유되어 있다. 그런 영양소들은 만성질환을 예방하고 개선하는 데 꼭 필요하다.

단백질은 우리 몸의 필수 요소다. 단백질의 종류는 약 3~10만 종으로 각각의 역할을 한다. 몸을 움직이게 하고 영양과 산소를 운반하고 면역 기능을 활성화시켜 신체 기능을 유지한다. 하지만 과유불급이라는 말처럼, 식물성 단백질 또한 과잉 섭취하면 문제가 생길 수 있다.

과일과 채소는 비타민과 미네랄의 보고

탄수화물, 단백질, 지방의 3대 영양소와 더불어 비타민과 미네랄은 신체를 유지하는 필수 성분이다. 과일과 채소에 비타민과 미네랄이 풍부하다는 것은 새삼 강조할 필요도 없다. 비타민과 미네랄은 극소량으로도 신체 기능을 유지하며, 생명 유지에 반드시 필요한 영양소다. 하지만 채식 중심의 식단으로는 비타민 B12가 부족하다. 비타민 B12는 굴과 같은 어패류나 간에 많이 함유되어 있어서 동물성 식품을 먹어야만 채워진다고 생각할 수 있다.

비타민 B12가 부족하면 적혈구가 감소해서 악성 빈혈을 일으키거나 어깨결림, 요통, 손발 저림, 신경통, 시신

경염을 일으키기도 한다. 비타민 B12는 소량이지만 간에 저장되어 있어 고기를 먹지 않는다고 해서 당장 지장이 있는 것은 아니다. 하지만 오랜 기간 비건을 유지하다 보면 비타민 B12가 결핍될 수 있다. 비타민 B12가 포함된 식물성 식품에는 김, 해초 등이 있고 나는 영양 효모(비활성 진균류를 사용해 수확한 것으로 치즈와 비슷한 맛이 남—옮긴이)를 식단에 포함했다. 영양 효모는 당밀을 발효시킨 것으로 노란 분말 형태인데, 샐러드나 파스타에 뿌려 먹으면 맛있다. 유기농 매장이나 온라인 쇼핑몰에서 구매할 수 있고 낫셸(natshell.jp)에서 판매하는 영양 효모가 내 입맛에 맞았다.

최근에는 고기를 먹어도 비타민 B12가 부족하다고 하는데, 사료용으로 재배하는 곡식에 화학 비료를 대량 사용하면서 토양의 영양분이 부족하다 보니 비타민 B12가 결핍된 게 아닌가 추측하는 사람도 있다. 이런 의미에서도 1차 농산물을 유기농법과 자연농법으로 재배하는 건 상당히 중요한 문제다. 지구 환경을 지켜야 우리의 생명도 지킬 수 있다는 것을 온몸으로 느낀다.

동물성 식품에는 없는 식물의 영양소

과일과 채소에는 동물성 식품에는 없는 식이섬유와 항산화물질, 파이토케미컬이 포함되어 있다. 식이섬유는 곡물, 과일, 채소, 콩과 같은 식물성 식품에 풍부하다. 오랫동안 영양학 분야에서는 음식 찌꺼기로 여겨지기도 했지만, 최근에는 제6의 영양소라고도 불리고 있다. 식이섬유는 변비를 예방할 뿐 아니라 대장에서 발효, 분해되면 비피더스균이 증가해 장내 환경을 좋게 만든다. 다시 말해 유해균과 음식에 포함된 유해 물질을 줄이고 체내 노폐물을 깨끗이 청소해준다.

한편 동물성 식품만 먹으면 변비뿐 아니라 대장염, 용종, 대장암이 발생할 위험이 높아진다. 최근에는 식이섬유를 섭취하면 심근경색과 당뇨, 비만 등의 만성질환을 예방할 수 있다는 연구 보고도 있다.

또한 항산화물질로는 과일과 채소에 포함된 베타카로틴과 비타민 C, E가 있다. 인간은 살기 위해 숨을 쉬지만 체내에 머무는 산소의 2~3%는 활성산소로 바뀐다. 활성산소는 산화력이 강해서 외부 침입 바이러스나 세균을 퇴치하는 장점도 있지만, 신체를 산화하여 노화나 암 등의 만성질환을 일으키는 단점도 있다. 신체에 마이너스가 되는 활성산소는 스트레스와 불균형한 식생활, 식품 첨가물, 흡연, 과도한 자외선 등에 의해 증가하면서 세포 노화를 촉진한다. 세포가 노화하면 피부 속 진피의 신진대사도 원만히 이뤄지지 않아 피부 탄력과 수분감이 떨어지면서 기미와 피부 처짐의 원인이 되기도 한다.

이때 신체의 산화를 억제하는 것이 항산화물질이다. 베타카로틴과 비타민 C, E를 다량 포함한 과일과 채소를 많이 먹으면 몸의 산화를 억제할 수 있다. 더욱이 식물에 포함된 색소나 향을 결정짓는 성분인 파이토케미컬도 활성산소의 증가를 억제한다. 파이토케미컬에는 블루베리, 포도, 가지 등에 포함된 안토시아닌, 녹차에 포함된 카테킨, 토마토에 포함된 리코펜, 그리고 옥수수, 키위, 브로콜리, 시금치에 포함된 루테인, 고추의 매운

성분인 캡사이신 등이 있다. 현재 파이토케미컬은 약 1,000종류가 발견되었는데, 실제로는 훨씬 더 많을 것으로 예상된다. 파이토케미컬이 포함된 녹황색 채소와 담색 채소를 골고루 먹으면 체내 활성산소를 줄여 암이나 심장병, 뇌졸중의 위험이 낮아진다고 한다.

신체를 약알칼리성으로 유지하는 과일과 채소

사람의 몸속 혈액은 보통 pH 7.35~7.4의 약알칼리성을 유지한다. 혈액의 산성도는 너무 낮아도, 너무 높아도 안 되며, 일정한 수치를 유지하는 것이 매우 중요하다. 우리가 먹는 음식은 pH 수치를 유지하는 데 크게 관여한다. 음식 자체에 알칼리성 식품과 산성 식품이 있어서 몸 건강에 영향을 미치는 것이다.

참고로 신맛은 산성이라고 생각하기 쉽지만 꼭 그렇지는 않다. 생각만 해도 얼굴이 찡그려지는 레몬과 매실절임은 사실 알칼리성 식품이다. 대표적인 산성 식품으로는 육류, 어류, 달걀, 설탕, 곡물류 등이 있고 알칼리성 식품으로는 과일, 채소, 해초, 버섯, 대두 등이 있다. 실제로 산성 식품만 먹었다고 해서 혈액이나 체내 pH 수치가 크게 기우는 일은 없다. 하지만 균형을 맞추기 위해 뼈에서 알칼리성인 칼슘이 빠져나오면서 뼈가 약해진다. 더욱이 산성 식품을 다량 섭취하면 쉽게 피곤해지거나 기력이 떨어지고 쉽게 화를 내거나 초조해지며, 복부 팽만감과 체중 증가, 알레르기 증상이 생기기 쉽다. 그대로 방치했다가는 궤양, 고혈압, 심장병, 당뇨병, 암 등의 만성질환이 발생할 수 있어서 의식적으로 알칼리성 식품을 먹어야 한다.

알칼리성 식품인 과일과 채소 중에서도 레몬과 수박은 pH 수치가 7.5나 되는 강알칼리성 식품이다. 특히 레몬은 감기나 기침, 인후통, 속쓰림, 메스꺼움에 즉효가 있고 신체를 알칼리성으로 만드는 작용을 한다. 내 몸이 산성화되어간다고 느낄 때 120cc의 물에 1티스푼의 레몬즙을 타서 마시면 좋다.

레몬과 수박만큼은 아니지만 고추, 말린 대추야자, 말린 무화과, 라임, 망고, 멜론, 파파야, 파슬리도 강알칼리성 식품이다. 그 밖에 아스파라거스, 키위, 포도, 서양배, 파인애플, 건포도, 매실 절임, 사과, 살구, 알팔파, 아보카도, 바나나, 당근, 셀러리, 마늘, 자몽, 양상추, 감, 단호박, 시금치, 브로콜리, 피망도 알칼리성 식품이다.

체내 산도를 유지하는 데 가장 이상적인 식단은 알칼리성 식품 80%, 산성 식품 20%의 비율이라고 한다. 식단을 점검해보고 산성을 띤 식품이 많으면 과일과 채소 같은 알칼리성 식품을 많이 섭취하길 바란다.

오메가3와 오메가6의 균형이 중요하다

바쁜 현대인은 한 끼 식사를 편의점 도시락으로 때우기도 한다. 도시락에는 생선이나 고기를 튀긴 메뉴가 빠지지 않는다. 식물성 기름을 사용했어도 튀긴 음식을 많이 먹으면 몸에 해롭다. 유채씨, 땅콩, 올리브, 참깨에서 추출한 기름은 제조 과정에서 비타민 C와 카로틴, 파이토케미컬, 효소와 같은 영양소가 파괴된다. 그래서 산화되기 쉽고 빛이나 공기에 노출되면 과산화 물질로 변한다. 이것이 체내에 흡수되면 세포를 산화해 노화를 앞당긴다. 게다가 고온으로 달군 기름은 발암 물질이 된다. 볶음 요리나 튀김 요리를 자주 만드는 사람은 기름에서 뿜어내는 화학물질을 공기로 마시는 것만으로도 폐암의 위험이 높아진다. 이런 이유로 자연위생학에서는 정제유는 먹지 않는 게 좋다고 본다. 하지만 지방은 열을 뺏기지 않게끔 체온을 유지하고, 태양광을 이용해 비타민 D를 합성하고, 비타민 A, D, E, K의 흡수를 높이므로, 절대 먹지 말라고 할 수는 없다.

기름은 포화지방산과 불포화지방산으로 나뉘는데, 포화지방산은 육류나 유제품과 같은 동물성 지방을, 불포화지방산은 유채씨, 땅콩, 올리브, 참깨 등의 식물성 지방을 말한다. 포화지방산은 체내에서 합성할 수 있지만, 불포화지방산 중 오메가3와 오메가6는 체내에서는 만들 수 없는 필수지방산이기 때문에 식사로 보충해야 한다. 볶음 요리, 튀김 요리, 마요네즈에 쓰이는 기름은 오메가6가 많이 포함된 홍화씨유, 옥수수유, 참기름, 샐러드유 등으로, 의식하지 않아도 식사로 섭취된다.

한편 일반적인 식단으로 섭취하기 힘든 오메가3는 아마인유나 들기름에 포함되어 있는데, 열에 약해서 상온에서 보관해야 한다. 단, 잉카인치 오일(아프리칸 월넛씨의 압착유―옮긴이)은 가열해도 괜찮다. 오메가3와 오메가6의 이상적인 비율은 1 대 4 정도인데, 현대인들은 1 대 10 혹은 1 대 40 정도로 과잉 섭취한다. 오메가6의 과잉 섭취는 세포 염증을 일으키기 쉬우므로 주의가 필요하다. 나는 아마씨, 치아시드, 햄프시드, 호두 등을 통째로 먹을 것을 추천한다.

오메가3는 안구건조증에 효과가 있다는 보고가 있어서 환자들에게도 추천하고 있다. 한 환자는 안구건조증이 좋아졌을 뿐 아니라 피부에 탄력과 윤기도 생겼다. 궁금해서 자세히 물어봤지만, 아마인유를 먹기 시작한 것 외에 달리 바뀐 건 없다고 하니 아마도 그 덕분인 듯하다. 아마인유는 샐러드용으로도 좋고, 빵에 발라 먹어도 좋다(정제 빵은 추천하지 않지만, 버터나 마가린을 발라 먹는 것보다는 낫다). 앞에서도 말했듯이 아마인유는 열에 약하니 가열하면 안 된다.

백설탕은 나쁘다

사람은 피곤할 때 달콤한 음식을 먹고 싶어 하지만, 백설탕이 들어간 디저트는 조심해야 한다. 비만의 원인이 될 뿐 아니라 당뇨, 저혈당, 만성피로, 초조함과 같은 정신 불안을 불러일으킬 수 있기 때문이다.

백설탕의 원료는 사탕수수로, 혈액에 흡수되는 속도가 빨라 혈당 수치가 순간적으로 올라간다. 급상승한 혈당치를 낮추기 위해 췌장에서 인슐린 호르몬을 분비하면서 이번엔 혈당이 급격히 내려간다. 결과적으로 저혈당을 일으켜 체내에 더 많은 당이 필요하다고 판단해 단 음식을 더 찾는다. 이렇게 급격히 수치가 변하면 췌장을 혹사시켜서 인슐린을 분비해도 대량의 당을 제대로 처리할 수 없다. 그러면서 신장을 통해 소변으로 당이 빠져 나간다. 이를 제2형 당뇨병이라고 한다. 글자 그대로 당이 소변으로 새어나가는 것이다.

인슐린은 에너지원이 되는 당을 체내에 유입하는 기능을 하지만, 대량으로 들어온 당은 곧바로 사용되지 못하고 지방으로 축적된다. 그렇기에 달콤한 음식은 먹을수록 살이 찐다. 또한 단 음식을 먹고서 기분이 좋아지거나 행복해지는 것은 혈액 속 포도당 때문이다. 그러나 인슐린의 작용으로 혈당 수치가 급격히 떨어지면 저혈당 증세가 생길 수 있다. 저혈당은 뇌를 둔화시켜 초조함이나 우울증을 일으킨다. 저혈당이 오면 혈당치를 높이기 위해 부신에서 아드레날린을 분비하는데, 아드레날린은 쉽게 흥분하거나 공격적인 성격에 영향을 끼치는 호르몬이다.

백설탕은 뇌에 나쁜 영향을 준다. 그러니 간식으로는 고구마나 바나나를 추천한다. 이런 음식에는 식이섬유와 비타민, 미네랄이 함유되어 있어 백설탕처럼 혈당 수치가 급상승하지 않고 서서히 혈액에 흡수되어 에너지원이 된다. 단맛을 낼 때는 유기농 메이플시럽 같은 천연 감미료를 쓰는 것도 좋다.

콩은 조심해서 먹자

단백질원으로 콩을 먹는 채식인이 많지만, 콩은 소화가 쉽지 않다. 소화력이 약하다면 발효 식품인 된장, 낫토, 템페(인도네시아 발효 식품—옮긴이)를 추천한다. 발효 식품에는 면역력을 올리는 유익균이 많아서 장내 환경을 개선한다. 다른 식품에 비해 흡수하기도 쉽고 영양 보충으로도 그만이다. 발효되지 않은 콩을 과잉 섭취하면 갑상선 질환이 생기기 쉽다는 보고도 있다. 일부 여성들은 갱년기 증상을 완화하기 위해 대두 제품을 의식적으로 먹기도 하지만, 적당량을 섭취하는 것이 좋다.

대두는 사람에 따라 알레르기 증상을 일으키기도 해서 주의해야 한다. 특히 영유아는 대두단백 알레르기에 대한 내성이 약해서 알레르기 증상을 일으키기 쉬우니 특별히 신경 써야 한다. 알레르기라면 섭취 후 1~2시간 이내에 두드러기, 발진, 고열 증상을 보이고 심하면 호흡 곤란을 일으키기도 하니 주의가 필요하다. 대두 알레르기 증상은 영유아뿐 아니라 성인에게도 갑작스레 나타날 수 있다. 두드러기, 습진, 오한, 눈 가려움, 현기증, 편두통 등의 증상이 있는데 사람마다 다르다.

강낭콩, 병아리콩, 팥도 추천한다. 앞에서 말했듯이 단백질은 다른 채소에도 많이 포함되어 있다. 이런 것들을 골고루 먹으면 단백질이 부족할 일은 없다. 참고로 나는 콩을 먹으면 배에 가스가 차고 소화가 잘 안 되는 체질이라 일주일에 한두 번만 먹는다. 뭐든 내 몸과의 궁합이 중요하다. 통곡물이 가장 이상적이지만, 소화력이 약하면 두유나 유기농 콩가루처럼 나에게 잘 맞는 것을 찾아보자.

우유는 정말 건강식품일까?

　시중에서 많은 양의 우유가 팔린다. 예전엔 우유를 마시는 걸 당연하게 여겼지만, 비건이 된 지금은 굉장히 어색하다. 우유는 송아지의 몫이지, 사람의 몫이 아니다. 실제로 우유와 모유는 성분이 많이 다르다. 송아지에게 필요한 영양소가 사람에게도 똑같이 필요한 것은 아니다. 예를 들면 우유에는 모유의 세 배나 되는 단백질이 포함되어 있는데 주성분은 카제인이다. 카제인은 점착력이 강해서 소화기관에서 분해할 수 없는 물질을 만들어내 위벽에 흡착한다. 그러면 영양분이 흡수되지 않고 노폐물을 배출하는 데도 지장을 주거나 신체에 나쁜 영향을 미치기도 한다. 또 사람에 따라 알레르기를 일으키기도 해서, 입술이나 눈이 붓기도 하고 두드러기, 알레르기, 기침, 설사, 오심, 복통 등이 일어난다.

한편 모유 속 단백질의 주성분은 알부민이다. 알부민은 입자가 작고 가벼워 아기의 소화 흡수에 좋다. 당연한 말이지만 모유 알레르기는 없다. 또 우유나 유제품 섭취가 많은 나라에서는 유방암이나 전립선암 발생률이 높은 것으로 알려졌는데, 우유 속 카제인과 성장 호르몬이 원인인 것으로 추측한다. 2차 대전 후 일본인에게 유방암과 전립선암이 증가한 배경에는 우유나 유제품 소비량의 증가와 관계가 있다는 지적도 있다. 또 우유에는 칼슘이 많아 뼈를 튼튼하게 만들어준다고 하지만, 제품화하는 단계에서 가열하여 살균하면서 칼슘이 파괴되어 인산 칼슘염으로 바뀐다. 인산 칼슘염은 분해되지 않아서 체내에 흡수되지 못한 채 몸 밖으로 빠져나갈 뿐이다.

게다가 세계 인구의 70%는 우유 유당을 분해하는 락타아제라는 효소를 가지고 있지 않다. 일본인을 포함한 아시아인의 경우 85~95%나 되는 사람들이 유당불내증 때문에 우유를 마시면 속이 부글거린다. 원래 일본인은 우유를 마시지 않았고, 채소 속 칼슘만으로도 뼈나 치아 건강을 유지했다. 우유를 끊고서 몸이 좋아졌다는 사람도 많다. 우유가 건강식품이라는 신화에 얽매일 필요는 없다.

운동과 수면, 햇볕 쬐기가 핵심

자연위생학에서는 음식 못지않게 운동도 중요하다고 이야기한다. 건강을 위해서는 좋은 음식을 가려 먹는 것도 중요하지만, 운동 없이 건강한 신체를 만들 수는 없다는 것이다. 운동이 부족하면 체내에 노폐물이 쌓이기 쉬워서 신체 불균형의 원인이 된다. 그렇다고 운동선수처럼 격렬한 운동을 할 필요는 없다. 매일 30분 이상 걷는 것만으로도 충분하다. 활기차게 걸으며 신선한 공기를 마시면 산소를 머금은 혈액이 몸속을 돌며 온몸 구석구석 영양소를 운반한다.

또한 운동은 뇌의 기억을 관장하는 해마를 자극해서 불안감이나 우울감을 없앤다. 부교감신경이 활발해져

심신 완화 작용도 한다. 신체 기능을 조정하는 자율신경에는 교감신경과 부교감신경이 있는데, 교감신경은 활동과 긴장, 스트레스에 작용하고 부교감신경은 휴식과 회복, 안정에 작용한다. 현대인은 교감신경이 활성화되는 경우가 많아서 긴장 상태가 계속되면 몸 상태가 나빠진다. 그러므로 운동을 통해 부교감신경을 활발히 자극하면 긴장이 풀려 몸도 좋아진다. 추천할 만한 운동으로는 걷기, 필라테스, 요가, 사토식 림프 케어가 있다. 사토식 림프 케어는 치과 의사인 사토 세이지가 고안한 방법으로 심신 안정에 도움이 되며, 어깨결림이 10초 만에 해결된다고 한다(사토 세이지,《근육에 힘 좀 빼고 삽시다》, 포레스트북스).

걷기의 장점은 햇볕을 쬘 수 있다는 것이다. 햇볕을 쬐면 체내에 비타민 D가 생성된다. 비타민 D가 부족하면 골다공증이나 당뇨, 동맥경화, 면역력 저하, 우울증, 꽃가루 알레르기 등의 증상이 생길 수 있다. 걷기를 일상화하면서 가벼운 근력운동도 곁들이자. 등, 복근, 허벅지, 엉덩이와 같은 큰 근육을 단련하면 대사가 원활해져서 노화 방지에도 도움이 된다.

수면도 건강에서 빼놓을 수 없다. 잠이 부족하면 면역력이 떨어지고 피로도 높아져서 어깨결림, 요통, 두통이 생길 수 있다. 또 만성적인 수면 부족은 당뇨나 암을 유발한다는 연구 보고도 있다. 최적의 수면 시간은 사람마다 다르겠지만, 오래 잔다고 해서 좋은 것은 아니다. 수면 시간보다는 숙면하는지가 중요하다. 숙면을 위해서는 잠들기 전에 소화하기 힘든 음식은 먹지 않는다. 식물성이라고 해도 콩고기 튀김을 야식으로 먹는다면 잠을 설칠 수 있다는 말이다. 야근 후 늦은 저녁 식사를 해야 한다면 쉽게 소화되는 음식으로 조금만 먹자.

나는 비건이 되어 채식 위주로 바꾼 후부터 수면 시간이 짧아도 피곤하지 않고 활력이 넘친다. 이 또한 채소가 가진 자연의 힘 덕분이라고 생각한다. 비건이 되어 신체의 건강뿐 아니라 정신적으로도 충만해진 것을 온몸으로 느낀다.

비건 생활, 식단은 이렇게 꾸리자

비건식에 도전하기

　비건식은 3장 첫머리에 소개한 대로 아주 다양한데, 여기서는 내 비건 입문식인 로푸드를 중심으로 설명하려 한다.(로푸드는 48℃ 이하에서 조리한 과일과 채소를 말하는 데, 식물 효소의 파괴 없이 영양소를 온전히 섭취할 수 있다). 로푸드 중심의 채식 식단으로 무엇이 달라졌을까? 먼저 육체적으로 건강해졌고, 정신적으로도 좋은 변화가 일어 났다. 구체적으로 말하면 마음 깊이 억눌려 있던 감정이 표면으로 드러났다. 이는 결코 나쁜 일이 아니다. 오히려 애써 못 본 척하던 감정과 마주할 수 있었고, 부모님과 의 관계가 명확해졌다. 예전에는 부모님을 비난하기만 했는데, 나는 어떤 사람인지, 부모님과는 어떻게 해야 할지, 필요한 것은 무엇이고 불필요한 것은 무엇인지 의식하기 시작했다. 그리고 미처 보지 못했던 부분을 깨달으면서 점차 변화했다.

식사의 근본을 다시 살피고 바꿨을 뿐인데 정신적으로 큰 변화가 생겼다. 어떻게 그런 일이 일어날 수 있을까? 식사의 근본을 바꾼다는 것은 나의 근본을 바꾼다는 의미다. 나의 근본을 바꾸면 인생이 크게 바뀐다. 인생의 패러다임이 전환되기 때문이다.

이 책을 읽는 당신은 채식에 관심이 있거나, 건강해지고 싶거나, 주변에 비건이 있어서 자세히 알고 싶을 것이다. 나는 갑작스레 로푸드를 시도했지만, 일반적으로 육식을 하던 사람이 단번에 로푸드로 전환하는 건 쉽지 않다. 그래서 환자들에게 알려주는 비건 입문 방법을 소개한다. 완전한 비건이 되기까지 3단계로 나눌 수 있다. 고기를 완전히 끊지 않아도 채소 중심 식단만으로도 몸의 변화를 느낄 수 있으니, 꼭 도전해보길 바란다.

【1단계】주 1회, 고기 없는 날에 도전!
2장에서도 말했지만, 육식은 동물들이 가혹한 환경에서 사육되는 현실을 외면하는 셈이다. 축산업은 온실가스나 물 부족, 산림 파괴 등을 일으키므로 지구 환경을

해친다. 2006년 FAO에서 축산업의 환경 파괴에 경종을 울리는 보고서(〈가축의 긴 그림자〉-옮긴이)를 발표했고, IPCC(Intergovernment Panel on Climate Change, 기후변화에 관한 정부 간 협의체) 의장이자 노벨평화상 수상자인 라젠드라 파차우리 박사 또한 "고기 소비량을 줄이면 온실가스를 효과적으로 줄일 수 있다"고 강조했다. 뒤이어 2009년에는 비틀스의 멤버였던 폴 매카트니가 영국에서 '고기 없는 월요일' 캠페인을 시작했다. 지금은 일본을 비롯한 전 세계에서 이 캠페인에 동참하고 있다.

이 캠페인은 처음에는 미국 최고의 의과대학인 존스홉킨스 대학 공중위생대학원에서 시작했다. 월요일을 택한 이유는, 한 주를 새롭게 시작하는 날이라서 주말의 느슨함을 떨쳐내기에 좋고, 월요일에 실행한 습관은 주말까지 유지하기 쉽다는 연구 결과가 있기 때문이었다. 일본에서도 도쿄대나 교토대에는 식당에 베지테리언 메뉴가 갖춰져 있고, 간사이 지역과 호쿠리쿠 지역의 생협 식당에서도 채식 메뉴가 나온다. 지금은 베지테리언을 위한 메뉴를 제공하는 동네 식당이나 카페도 제법 많아졌다.

친구들과 밥을 먹으면 비건이 아닌 친구도 베지테리언 메뉴를 주문하는 일이 잦아졌다. 먹고 나면 맛있다며

만족스러워한다. 먹어본 사람은 알겠지만, 생각보다 맛있다. 그리고 동물성 식사를 한 다음 날 느끼는 찌뿌둥함 없이 상쾌하게 아침을 시작할 수 있다. 일주일에 단하루만이라도 고기 없는 날을 실행해보자. 굳이 월요일이 아니라도 하루 정도는 고기를 안 먹을 수 있을 것이다. 우선은 이것부터 시작해보자.

【2단계】 무리하지 않고 비건식에 도전!

우리 병원 대기실에는 과일과 채소를 소개하는 영상을 틀어놓는데, 그것을 보고 식이요법에 대해 문의하는 환자도 있다. 또는 진찰 중에 내가 먼저 식이요법을 권하기도 한다. 이럴 때는 갑자기 완전 채식을 권하지는 않으며, 할 수 있는 것부터 해보자며 다음과 같은 식사를 제안한다.

◎기상 후

150cc 물 한 잔을 마신다(겨울철에는 미지근한 물).

◎새벽 4시부터 정오까지

수분이 많은 과일을 상온에 두고 먹는다. 익히지 말고 그대로 먹어야 한다(3~4개 정도로 배부르게 먹지 않을 것). 남성이나 아이는 수분이 많은 과일을 먹은 지 30분 후에 포만감이 있는 바나나, 아보카도, 견과류 등을 먹는다.

* 과일만으로 부족할 때는 평소보다 적은 양의 일반식을 먹는다.
* 아침에 배가 고프지 않을 때는 먹지 않아도 된다. 배가 고플 때 먹는 것이 가장 좋다. 그리고 당뇨가 있는 사람은 바나나, 감, 포도 등은 먹지 않는다.

◎점심

알록달록한 채소를 곁들인 푸른 잎 채소(그린 샐러드)를 큰 접시로 먹는다.

* 이어서 일반식을 먹을 때는 평소의 절반을 먹는다 (나이, 건강 상태에 따라 식사량을 조절한다).

◎간식(보충식)

되도록 먹지 않되, 꼭 먹고 싶을 때는 신선한 과일이나 삶은 고구마, 다시마 등을 먹자. 과식은 금물이다.

◎저녁

점심과 동일

음식은 꼭꼭 씹어먹자. 그래야 음식과 침이 섞여서 침 속 소화 효소가 소화를 돕는다.

이 정도면 도전해볼 만하지 않은가? 이것도 어렵다면 다음과 같은 방법도 있다.

평소 음식 먹는 순서를 바꾸기만 해도 몸 상태가 좋아질 수 있다. 먹는 순서는 다음과 같다.

① 샐러드(잎채소를 중심으로 한 그린 샐러드)

② 익힌 채소(생채소보다 적은 양, 추운 계절에는 비율을 늘려도 좋다)

③ 발효 식품(된장, 된장국, 낫토)

④ 단백질(콩류, 작은 생선류 등)

⑤ 탄수화물(감자, 고구마, 뿌리채소, 콩, 오분도미, 잡곡밥 등)

* 탄수화물은 적게, 발효하지 않은 콩은 적당량을 섭취한다.

【3단계】 고기·생선·달걀·유제품을 먹지 않는 비건에 도전!

2단계에서 채소 위주 식사에 익숙해지면 완전 채식에 도전해보자. 아침 식사로는 과일과 채소를 갈아 만든 스무디를 추천한다. 스무디 200~400cc 정도를 꼭꼭 씹어서 천천히 마신다. 바나나와 같이 수분이 적은 과일에는 물을 조금 섞는다. 우유나 요거트, 두유는 소화불량을 일으킬 수도 있으니 넣지 않는다.

당뇨 환자는 혈당 수치가 올라가지 않도록 당도가 높은 과일(바나나, 감, 포도 등)은 피한다. 스무디 재료로는 모든 과일과 채소가 가능하다. 바나나, 사과, 딸기, 키위, 자몽, 오렌지 등의 과일에 시금치, 소송채, 오이, 쌈채소 등을 섞어보자. 과일만으로도 괜찮다. 겨울에는 미지근한 물을 넣거나 생강을 넣어도 좋다. 취향껏 분량을 조절해서 여러 가지로 조합하여 스무디를 즐겨보자.

믹서기가 없다면 생과일을 그대로 먹어도 좋다. 과일은 실온에 뒀다가 먹어야 한다. 냉장고에서 금방 꺼낸 과일을 먹으면 위가 차가워져서 소화 흡수가 나빠진다. 아이스크림이나 차가운 음료수도 권하지 않는다. 차가운 음식은 장 기능을 떨어뜨려 아토피나 면역력 이상을 일으키는 원인이 된다. 여름에도 차가운 것은 되도록 피하는 게 좋다.

점심과 저녁 식사의 기본은 그린 샐러드다. 상추, 케일, 오이, 셀러리, 토마토, 피망, 파프리카, 아보카도 등의 채소 한 상을 먹는다. 채소는 고기나 생선보다 칼로리가 낮아서 양이 적으면 칼로리가 부족할 수 있으니 큰 접시에 가득 담아 먹자. 토핑으로는 삶은 병아리콩을 올려도 좋다. 시중에 파는 드레싱에는 오일이 들어 있으니 권하지 않는다. 나는 드레싱 대신 오렌지나 자몽처럼 수분이 많은 과일의 알맹이를 토핑한다. 그 위에 깨를 갈아서 뿌리거나 향신료를 더해주면 맛있게 먹을 수 있다. 알록달록한 색감은 식욕을 자극한다. 또 3장에서도 소개한 영양 효모를 뿌리면 파르메산 치즈와 풍미가 비슷해 샐러드에 제법 잘 어울린다.

자연위생학의 기본은 신선한 생채소를 먹는 것이지만, 추운 계절에 그린 샐러드만 먹는 게 고역일 수도 있다. 그래서 겨울에는 당근, 순무, 브로콜리, 양배추, 피망 등에 물을 살짝 넣고 찌거나 수프로 만들어 먹는다. 간은 간장이나 소금으로 싱겁게 한다. 수프에는 다시마나 버섯을 우린 국물이나 표고버섯 가루를 넣어도 맛있다.

비건은 밥을 먹으면 안 된다고 오해하는 사람도 있는데, 절대 그렇지 않다. 식사는 개개인의 상태와 체질에 맞게 먹어야 한다. 나는 오분도미를 먹는다. 현미를 먹을 수 있으면 좋은데, 위가 약해서 오분도미로 밥을 짓는다. 여름에는 생채소를 먹지만, 겨울에는 익힌 채소나 국물 요리를 먹는다. 밥을 많이 먹을 때가 있는가 하면, 적게 먹을 때도 있다. 즉, 내 몸이 원하는 것을 먹으면 된다. 채소와 곡물은 8 대 2의 비율로 한다.

비건이 되고 몸이 정화되니 음식 맛에 민감해졌다. 지금은 고기를 전혀 먹지 않는데, 완전 비건이 되기 전부터 이미 몸이 정화되기 시작했고 미각도 예민해졌다. 그때는 고기나 생선을 먹을 일이 생기면 속이 안 좋고 식욕이 사라지곤 했다.

1년 내내 똑같은 음식을 먹을 필요는 없다. 그때그때 상황에 맞춰 바꿔도 좋다. 천천히 식생활을 바꾸면 신기하게도 머리도 맑아지고 정신적으로도 안정된다. 무엇을 해야 하는지에 대한 답도 보이리라. 비건이 된다는 것은 단순히 건강만 지키는 게 아니라 삶의 방식까지도 바꾸는 일이다.

음식의 올바른 조합 원리

　밥상에는 기본적으로 국 하나에 반찬 셋은 올라온다. 여러분은 어떤 순서로 먹는가? 대부분은 밥에 된장국, 고기나 생선 반찬을 한 번씩 교대로 먹을 텐데, 인간의 소화 구조상 좋지 않다. 단백질이 소화될 때는 산성 소화 효소가, 탄수화물이 소화될 때는 알칼리성 소화 효소가 분비되기 때문이다. 단백질(고기, 생선)과 탄수화물(밥, 빵)을 같이 먹으면, 각각의 소화 효소가 뒤섞여서 소화하는 데 시간이 오래 걸린다. 소화에 필요 이상의 에너지를 소모할 뿐 아니라 영양분이 잘 흡수되지 않고 노폐물로 바뀌어 몸에 쌓인다. 따라서 소화 효율을 높이기 위해서는 다음과 같은 방법을 추천한다.

◎고기, 생선, 달걀, 유제품 등을 먹을 때는 쌀이나 빵 등의 탄수화물과 같이 먹지 않기

◎고기나 생선은 채소 샐러드와 같이 먹기. 밥이나 빵을 먹을 때에도 채소와 같이 먹기

이 원리에 따라 먹으면 소화 효율이 높아져서 복부 팽만, 위산 과다, 속쓰림이 생기지 않고 식후 트림, 지독한 방귀로 힘들어하는 일도 없을 것이다. 영양 흡수도 원활해져서 뾰루지나 알레르기가 개선되고, 머리가 맑아져서 집중력도 향상된다.

물론 어떻게 먹어도 문제없는 튼튼한 위장을 지닌 사람도 있다. 나는 어렸을 때부터 위가 약해서 자주 배탈이 났기 때문에 위장이 튼튼한 사람을 보면 부러울 따름이다. 하지만 아무리 소화력이 좋아도 나이가 들어서까지 마구잡이로 먹는다면 결국 위장에 부담이 가서 몸을 해칠 수 있다. 그러니 앞에서 말한 대로 먹어보길 바란다. 훨씬 가볍고 건강해지는 몸을 느낄 것이다.

5장

비건이 되기 위한 Q&A

Q.1 비건을 한마디로 표현한다면? 베지테리언과 무엇이 다른가요?

A. 48쪽의 표 1과 같이 채식에도 다양한 스타일이 있어요. 이 표에서는 대략적으로만 나눴는데 비건에는 식이 비건Dietary Vegan과 윤리적 비건Ethical Vegan이 있습니다. 전자는 건강을 위해 완전 채식을 하는 사람이고, 후자는 환경 문제나 동물 복지를 위해 완전 채식을 하는 사람입니다. 비건을 한마디로 정의하는 건 어려워요. 삶의 철학이라서 짧게 설명하는 게 쉽지 않네요.

Q.2 동물성 식품을 섭취하지 않아도 영양은 균형 있게 섭취할 수 있나요?

A. 고기나 생선과 같은 동물성 식품을 섭취하지 않아도 쌀이나 콩, 잎채소, 뿌리채소, 견과, 씨앗, 해초로도 단백질과 다른 영양소를 충분히 섭취할 수 있습니다. 저는 몸의 소리에 귀 기울여 음식을 선택해요. 과일과 채소, 콩, 견과, 씨앗, 해초를 드세요. 그걸로 충분합니다. 161~162쪽의 표 6, 7을 참고하세요.

Q.3 콩이 아니라도 식물성 단백질을 섭취할 수 있나요?

A. 105~106쪽의 표 4, 5에서 언급했듯이, 콩 이외의 채소에도 단백질은 있습니다. 고기나 생선 같은 동물성 식품에만 단백질이 있다고 오해하는 사람이 많지만, 잘못된 생각이에요. 살아 있는 모든 것에는 단백질이 포함되어 있습니다.

Q.4 두부를 좋아하는데 콩 가공식품을 많이 먹어도 될까요?

A. 두부는 대두 가공품인데 개인의 체질, 운동량, 근육량에 따라 섭취해도 되는 양이 달라요. 그러니 직접 먹어보고 신체 변화나 상태를 잘 살피며 자신에게

맞는 양을 드세요. 두부보다는 낫토나 템페 같은
발효 식품을 추천할게요. 125~126쪽에서 소개한
콩 섭취 방법을 참고하세요.

Q.5 로푸드를 추천하셨는데, 익힌 채소를 먹어도 될까요?

A. 네, 하지만 로푸드와 같이 드세요. 계절에 맞게 로
푸드와 익힌 채소를 조절하면 돼요. 162쪽의 표 7을
참고하세요. 냉장고에서 바로 꺼낸 채소와 과일은
차가우니 먹기 전에 미리 꺼내두면 먹기 좋은 온도
가 됩니다. 로푸드는 48℃ 이하에서 조리한 과일과
채소를 말하는데, 목욕물 온도가 42~43℃니 이걸
기준으로 삼아도 되겠네요. 아니면 팔팔 끓인 물과
상온의 물을 6 대 4로 섞으면 48℃ 이하의 적당한
온도가 될 거예요.

Q.6 채소의 농약이 신경 쓰이는데 무농약 채소를 먹어
야 할까요?

A. 저도 신경 쓰여요. 무농약 채소를 먹는 게 이상적이
겠지만, 비싸서 무농약 채소만 먹을 수는 없죠. 걱
정스러우면, 베이킹소다를 푼 물에 채소를 담가뒀
다가 흐르는 물에 씻어주세요.

Q.7 저는 채소볶음을 좋아하는데 고온에서 볶는 것은 안 좋을까요?

A. 네, 좋지 않습니다. 그렇다고 매일 샐러드나 데친 채소만 먹으면 질리겠죠. 그럴 때는 먹어도 됩니다. 하지만 고온에서 볶으면 채소의 효소가 파괴되니 채소볶음을 너무 많이 먹지는 마세요.

Q.8 채소 볶음을 할 때 고기 대신 무엇을 넣으면 좋을까요?

A. 대두 가공품 중에 콩고기가 있습니다. 콩고기도 좋고, 콩을 그대로 넣어도 되고, 구운 두부를 넣어도 돼요.

Q.9 감자류나 뿌리채소를 좋아하는데 먹어도 될까요?

A. 네. 단, 잎채소도 듬뿍 드세요.

Q.10 해조류는 먹어도 되나요?

A. 네, 미네랄이 풍부하니 적절히 드시면 됩니다.

Q.11 밀가루는 좋지 않나요?

A. 밀가루는 정제 과정에서 식이섬유와 비타민, 미네랄과 같은 영양소가 사라집니다. 저는 스펠트 밀(밀의 품종 가운데 중부유럽 산간에서 많이 재배되던 고

대 밀로, 단백질과 미네랄 함량이 높고 글루텐이 적음—옮긴이)과 우리밀, 유기농 밀가루를 추천해요. 또 밀가루나 글루텐에 알레르기 반응을 보이는 사람도 있으니 주의가 필요합니다.

Q.12 우동이나 국수의 원료는 밀가루인데 메밀국수로 대체하는 게 좋을까요?

A. 그럴 수 있으면 좋죠. 메밀은 영양가도 높거든요. 그렇다고 억지로 참으면서 밀가루 음식을 안 먹을 필요는 없어요. 그러다가 스트레스 받으면 더 안 좋으니까요. 그런데 밀가루는 한번 먹으면 계속 먹고 싶어지는 중독성이 있어요. 최근에는 밀을 사용하지 않은 면을 구할 수 있어요. 현미 파스타나 퀴노아 파스타도 있고, 베트남 쌀국수면은 쌀가루를 쓰지요. 자연 식품이나 수입식품 판매장, 마트에도 있답니다.

Q.13 저희는 아침에 빵을 먹어요. 빵을 좋아하는데 어떻게 하면 좋을까요?

A. 92~94쪽에서 설명했듯 인간의 신체 기능은 3대 주기로 움직이는데, 아침은 해독하고 배출하는 중요한 시간대입니다. 원래는 아무것도 먹지 않아도 되

지만 뭔가 먹고 싶다면 알칼리성 식품인 과일을 추천할게요. 빵은 산성이거든요. 몸이 산성화되면 해독이나 배출이 제대로 안 되고 몸에 독소가 쌓일 수 있어요. 그러니 아침으로 빵은 추천하지 않습니다.

빵 대신 바나나 스무디, 된장국이 좋아요. 단, 신장 질환, 심장 질환, 당뇨가 있다면 조심해야 해요. 이 책은 병이 없는 건강한 사람을 위한 책입니다. 지병이 있다면 주치의와 상담하길 바랍니다.

Q.14 밥은 백미보다 현미를 먹어야 할까요?

A. 딱히 그렇지는 않아요. 현미는 소화에 부담이 되니 위장이 약한 사람은 백미도 괜찮다고 봐요. 다만, 현미는 무농약이나 저농약으로 드세요. 그렇지 않으면 오히려 몸속에 독소를 쌓는 꼴이 돼요. 참고로 저는 오분도미를 먹습니다.

Q.15 가다랑어포 육수와 콩소메(맑은 고깃국물) 대신 어떤 걸 써야 할까요?

A. 자연 식품 판매장에 가면 동물성 식품을 일절 쓰지 않은 채소 수프 스톡을 팔아요. 다시마, 표고버섯 육수도 상당히 맛있고, 자투리 채소로 우려내는 채

수도 추천해요.

Q.16 햄버거를 좋아하는데 패티는 무엇으로 만들어야 할까요?

A. 두부나 연근을 갈아 넣거나 콩고기, 견과로도 만들 수 있어요. 인터넷으로 검색하면 맛있는 레시피가 다양할 거예요.

Q.17 과일을 좋아하는데 과일이면 뭐든 상관없나요?

A. 네, 건강한 사람은 뭐든 상관없어요. 이왕이면 다양한 게 좋고요. 일곱 가지 무지개처럼 알록달록하게 골고루 드시면 됩니다.

Q.18 버터 대신 마가린은 괜찮나요?

A. 그건 드시지 마세요. 마가린은 식물성이니 버터보다 건강하다는 것은 큰 오해입니다. 마가린은 트랜스 지방이라서 몸에 좋지 않아요. 트랜스 지방은 식물성 유지를 가공하면서 만들어지는데, 과하게 섭취하면 심근경색과 같은 심장 질환에 걸릴 위험이 높아지고, 비만이나 알레르기 질환과도 관련이 있어요. 덴마크, 스위스, 오스트리아, 캐나다, 미국,

싱가포르처럼 트랜스 지방을 규제하는 나라도 있어요. 미국에서는 2018년 6월 이후 트랜스 지방을 전면 퇴출하여 규제하는데, 아직 일본은 규제 대상이 아니에요.(대한민국도 2022년 12월 현재 규제 대상이 아님—옮긴이). 쇼트닝도 트랜스 지방입니다. 먹으면 안 돼요.

Q.19 식물성 기름은 먹어도 될까요?

A. 가능하면 삼가세요. 120~122쪽에 소개한 것처럼 식물성 기름에는 필수지방산인 오메가3와 오메가6가 있고 그 비율은 1 대 4가 이상적입니다. 오메가6의 함량이 높은 튀김은 자제하는 게 좋아요. 또 식물성 기름에는 팜유가 있는데, 비건이라면 추천하지 않습니다. 팜유 농장은 인도네시아와 말레이시아의 열대우림을 훼손해서 만들거든요. 열대우림을 파괴하면 지구온난화에 악영향을 미치지요. 보르네오섬의 오랑우탄이나 수마트라섬의 코끼리와 호랑이의 보금자리를 빼앗는 거예요. 팜유는 주로 감자칩이나 컵라면, 감자튀김에 쓰이는데요, 원재료명에는 식물 유지라고만 쓰여 있다 보니 일반적으로는 잘 알려지지 않았어요. 하지만 그 식물 유지로 팜유가

쓰인다는 사실은 알아두길 바랍니다.

Q.20 우유와 요거트를 좋아합니다. 어떻게 하면 좋을까요?

A. 고민되죠. 저도 그 기분을 잘 알거든요. 저도 유제품을 너무 좋아해서 아이스크림을 끊는 게 정말 어려웠어요. 하지만 우유는 대체품이 아주 많답니다. 아몬드 밀크나 캐슈너트 밀크는 우유보다 훨씬 맛있으면서도 영양가가 높아요. 요즘은 편의점이나 마트에서도 볼 수 있어요.

요거트는 두유 요거트를 추천할게요. 시중에서도 팔지만 집에서도 만들 수 있으니 한번 해보세요. 요리책도 있고, 인터넷에서 검색하면 만드는 방법을 쉽게 찾을 수 있어요.

Q.21 스무디를 추천하시는데, 차가운 음료를 잘 못 마셔요. 어떻게 하면 좋을까요?

A. 따뜻한 스무디는 어떠세요? 48℃ 이하라면 과일과 채소의 효소도 살아 있기 때문에 미지근한 물을 사용해서 만들어보세요. 그리고 과일은 상온에 둔 것을 사용하세요. 이것이 핵심입니다. 냉장고에서 꺼내자마자 바로 사용하면 차가운 스무디가 되어버

립니다.

Q.22 스무디 토핑으로는 어떤 것이 좋을까요?

A. 민트 잎, 깍둑썰기 한 사과 등을 추천해요. 코코넛을 잘게 채 친 코코넛 슈레드나 생카카오닙스는 보기도 좋지요.

Q.23 케이크를 좋아하는데 비건식에도 단 음식이 있나요?

A. 동물성 식품을 사용하지 않은 화과자와 생과일, 말린 과일도 있어요. 비건 디저트 교실도 있으니 참여해보세요. 하지만 맛있다고 너무 많이 먹지 않도록 주의하세요. 자연 식품이나 로푸드, 착즙 주스 가게에 가면 달걀이나 밀가루, 백설탕을 전혀 사용하지 않은 비건 디저트나 오븐에 굽지 않은 디저트를 팔고 있습니다.

Q.24 아이스크림을 좋아해서 도저히 끊을 수가 없어요. 어떡하죠?

A. 추천할 만한 아이스크림이 있어요. 바로 견과류 아이스크림과 두유 아이스크림입니다. 동물성 재료도 들어 있지 않고 아주 맛있답니다.

Q.25 과자를 좋아해서 끊을 수가 없어요. 어떻게 하면 좋을까요?

A. 이럴 때 아주 좋은 과자가 있습니다. 바로 케일 칩입니다. 슈퍼 푸드, 채소의 왕이라 불리는 케일은 영양도 풍부하고 맛도 좋지요. 저는 나가노현에서 만드는 'Yoshimoto'(e-yoshitomo.com/)라는 케일 칩을 정말 좋아해요. 온라인에서도 살 수 있는데, 여기서는 쌀 머핀도 팔아요. 정말 맛있어요. 조금 영적인 이야기를 하자면, 이 가게의 쌀 머핀과 케일 칩은 파동이 높은 간식이에요. 또 옛날부터 만들어 먹던 전병도 첨가물이 들어 있지 않아서 추천해요.

Q.26 백설탕이나 꿀은 비건식이 아니라고 하던데요. 감미료는 어떤 걸 써야 할까요?

A. 메이플 시럽, 코코넛 슈거, 조청을 쓰세요. 단 게 먹고 싶을 때는 말린 대추야자나 건과일을 드세요.

Q.27 견과류가 좋다고 하셨는데, 소화가 잘 안 되는 건 아닌가요?

A. 아무래도 부담은 있지만 고기보다는 잘됩니다. 다만 한번에 먹는 양은 한 줌 정도로 하세요. 견과류

알레르기가 있는 사람은 피해주세요.

Q.28 아이의 도시락 반찬에 달걀이나 비엔나소시지를 자주 넣는데 무엇으로 바꾸면 좋을까요?

A. 추천할 만한 사이트가 있습니다. HAPPY VEGAN LIFE(happyveganlife.me)의 도시락 메뉴를 참고해보세요. 학교 급식 메뉴를 재구성했더라고요. 비건 메뉴가 얼마나 다양한지 알 수 있을 거예요.

Q.29 비건식을 하면 건강뿐 아니라 정신적으로도 변화가 생기나요?

A. 저는 정신적으로 굉장히 안정됐습니다. 일의 능률이 올랐고, 그만큼 저를 위한 시간이 늘어났어요. 나에게 가장 중요한 게 무엇인지 깨달았지요. 비건이 되면 먹는 것을 의식하는데, 이는 내 삶을 자각하는 것이기도 해요. 그러니 정신적으로도 긍정적으로 바뀌지요.

표 6 자신에게 맞는 식사를 만드는 법

계절	아유르베다 과잉이 되기 쉬운 도샤	한의학	관련된 신체 부위 허브
봄 눈녹음, 봄바람, 비내림	K, K-V	간, 담낭경 간-Anger 분노 봄에 가장 도움이 필요한 곳은 간. 단식에 좋은 계절	**눈(결막염)** 민들레, 차퍼럴, 밀크씨슬, 메기(결막염), 애기똥풀
여름 태양광이 강함	P	심장-소장경 Joy / Sorrow 기쁨, 슬픔(일반적인 슬픔). 기쁨의 여름이기 때문에 슬픔은 과감히 내려놓는다	산사나무, 페퍼민트, 탄자, 수이바(잎)
가을 바람이 강해짐	V	폐-대장경 Grief-제일 강한 슬픔	**이비인후** 생강, 달래, 관동화, 리클리스(감초)
겨울 스산하고 바람, 추위가 강함	K, K-V	신장-방광경 Fear-공포 안전한 장소 및 공간 확보	**눈(눈의 피로)** 유제품은 꼭 피해야 함. 생꿀, 생강, 카이엔, 주니퍼베리(노간주나무 열매), 네틀, 플록스씨앗, 마시멜 로, 페네글리씨, 파슬리

K: 카파 P: 피타 V: 바타

참고문헌: 《Conscious Eating》, 개브리얼 커즌스

- 일본은 사계절이 있음을 의식한다(살고 있는 환경을 의식한다).
- 계절에 따라 옷을 바꾸듯이 사계절에 따라 먹는 방법이나 음식도 바꾸어본다.
- 식생활도 계절에 따라 바꾼다.
- 머리가 아닌 자신의 마음의 소리를 듣고 먹도록 한다(그래서 명상을 추천한다).
- 자연과 조화를 이루는 식사법을 찾는다.
- 아유르베다와 한의학, 허브 등도 참고하면서 자신에게 맞는 식재료나 조리법을 연구한다.
- 시중에 떠도는 온갖 건강 정보나 식사법을 생각 없이 받아들이지 말고, 자신에게 적합한지 일단 잘 살펴본다.

표 7 계절에 따라 먹는 법

가볍게 ↓ 소화 가능 정도 ↓ 무겁게	봄	겨울과 동일하지만 다음의 것을 늘린다. 로푸드, 녹색채소, 새싹, 채소, 과일, 저지방 음식 곡물을 줄인다.
	여름	더 달콤한, 차가운, 쓴, 얼얼하도록 매운, 로푸드, 수분이 많이 함유된 음식(과일, 멜론, 채소, 푸른 잎채소, 새싹)
	가을	더 달달한 것, 천연 소금, 신맛, 몸을 따듯하게 하는 것, 천천히 소화되는 것, 식이섬유가 많이 함유된 것(생강, 곡물, 채소, 불린 견과류, 씨앗)
	겨울	더 얼얼하게 매운, 쓴, 수렴 효과가 있는 음식(astringent), 따뜻한 것, 건조된 것, 소화되기 쉬운 것(생강, 고추, 채소, 곡물, 푸른 잎채소, 새싹)

참고문헌: 《Conscious Eating》, 개브리얼 커즌스

- 위의 표를 참고하여 지금의 나(환경, 나이, 사는 장소)에게 맞는 음식이나 먹는 방법을 스스로 개발해나간다.(개인 맞춤형 식사)
- 이 책에 소개한 자연위생학 식사법을 실천하면 건강해질 것이다. 또한 계절에 따라 표 7을 참고하면 식재료를 선택하는 데 도움이 된다.

Q.30 여름에 좋은 음식과 겨울에 좋은 음식이 다른가요?

A. 역시 제철 음식을 먹는 것이 좋겠지요. 제철 음식에는 좋은 기운이 있어서 알맞게 먹으면 심신의 건강과 연결됩니다. 계절별 음식에 대해서는 아유르베다나 한의학도 도움이 됩니다.(표 6, 7 참조)

Q.31 끈기가 없어서 비건식을 계속할 자신이 없는데 어떻게 하면 지속할 수 있을까요?

A. 무리하지 않으셔도 됩니다. 마음가짐이 중요합니다. 갑자기 비건이 될 필요는 없어요. 조금씩 바꿔나가면 돼요. 몇 년씩 걸린 사람도 있으니 길게 바라보면 어떨까요? 응원할게요!

Q.32 비건이 되는 좋은 방법이 있을까요?

A. 사람에 따라 다르겠지만, 제 생각에는 의식적으로 먹는 것이라고 봐요. 먹는 걸 즐기는 것도 중요하지요. 이 책에서는 로푸드 중심의 식사법을 설명했는데, 로푸드라고 해서 생채소를 먹는다고만 생각하는 사람도 많지만 그건 아니거든요. 굽지 않은 라자냐는 치즈를 넣고 구운 라자냐보다 훨씬 맛있고 속이 더부룩하지도 않아요. 오히려 베지테리언이

나 비건이 아닌 친구들은 굽지 않은 피자를 만들어
주면 정말 좋아해요. 로푸드가 이렇게 맛있냐며 놀
라죠.
또 하나 중요한 포인트는 '배움'입니다. 비건 입문
자를 위한 강좌도 있답니다. 실습과 이론을 모두
배울 수 있는 수업이 있어서 즐겁고 맛있게 비건을
배울 수 있지요.

Q.33 가족 중에 저만 비건입니다. 매일 식단 때문에 고민
이에요.

A. 그런 고민을 많이들 하지요. 대개는 자신이 먹을 음
식만 따로 만든다고 하더라고요. 채소 볶음을 만들
때는 처음에 채소만 볶아서 따로 두고, 나중에 고기
를 넣어서 가족용으로 준비하는 건 어떨까요?

Q.34 가죽 제품을 안 쓰고 싶은데 완벽하게는 안 돼요.
어떡하면 좋을까요?

A. 조금씩 할 수 있는 범위에서 해보세요. 무리하지 않
아도 돼요. 최근에는 비건 가죽으로 제품을 만드는
곳도 있으니 한번 찾아보세요.

Q.35 비건을 하면서 깨달은 점이나 실패한 일이 있나요?

A. 비건이 되기 전에 로푸드를 배우면서 동물들이 어떻게 사육되고 있는지, 축산의 실태나 반려동물을 취급하는 업계의 실정을 알게 되었습니다. 그 전에는 아무것도 몰랐는데, 인간도 자연이 있기에 살아갈 수 있다는 큰 깨달음을 얻었지요.

그리고 채소 요리가 훨씬 다양하다는 것을 알고 정말 놀랐어요. 게다가 엄청나게 맛있고요. 특히 로푸드는 맛도 좋은데 보기도 좋아서 점점 발전하는 게 느껴져요.

실패한 일이라면, 아무리 영양가 있는 비건식이라도 밤늦게 먹으면 살이 찐다는 거예요. 사람에게는 3대 주기가 있어서 저녁 8시에서 새벽 4시 사이에는 음식물을 흡수하고 동화하는 시간이라 한밤중에 먹으면 속이 더부룩하고 살이 쪄요. 바쁘다 보면 식사 시간이 늦어지기도 해서 저도 조심하죠. 또 비건식이라고 해도 감자, 고구마, 뿌리채소, 밥을 필요 이상으로 많이 먹으면 살이 찌지요. 뭘 먹든 과식은 비만의 주범입니다.

그리고 나이와 활동량, 소화 능력을 포함해서 채소의 종류와 조리법, 먹는 시간이 사람마다 다르다는 사실을 알았어요. 개브리얼 커즌스의 책(《Conscious Eating》—옮긴이)에서는 '맞춤형 식사'를 소개하는데, 사람마다 맞는 식사법이 달라서 개인에 맞추는 것이 중요하다고 해요. 자신에게 맞는 식사를 개발할 필요가 있습니다.

Q.36 비건이 되고 나서 좋은 점은 무엇인가요?

A. 나에게 집중할 수 있다는 것이죠. 아침에 일어나서 잠은 잘 잤는지, 밤에 잠들기 전에 그날 있었던 일을 돌아보고 어떤 기분이었는지 살펴보거든요. 그러면서 내 감정이나 몸 상태를 민감하게 느끼고 자연스럽게 내면과 마주하며 정신적인 변화도 일어났지요. 나만이 아닌, 주변을 의식하기 시작했어요. 내가 자연의 일부라는 깨달음을 가지고 점점 동물과 지구 환경에도 관심을 가지게 됐어요.

주요 참고문헌 및 사이트

Gabriel Cousens, 《Conscious Eating》, North Atlantic Books.

Herbert M. Shelton, 《Food Combining Made Easy》, Book Pub Co.

하비 다이아몬드, 《다이어트 불변의 법칙》, 사이몬북스.

콜린 캠벨/토머스 캠벨, 《무엇을 먹을 것인가》, 열린과학.

John Tilston, 《How to Explain Why You're a Vegetarian to Your Dinner Guests》, Trafford Pub Co.

Erik Marcus, 《Vegan: The New Ethics of Eating》, McBooks Press.

Gene Stone, 《Forks Over Knives: The Plant-Based Way to Health》, The Experiment.

마쓰다 마미코, 《초건강 혁명》, 지성문화사.

마쓰다 마미코, 《아이에게 무엇을 먹여야 하나》, 배문사.

마쓰다 마미코, 《아침 식사는 과일로》, 배문사.

hollywood snap, hollywoodsnap.com

베지테리언 네트워크, www7a.biglobe.ne.jp/~arugama-ma/vegetarian/index.html

그린피스, www.greenpeace.org

삼림임업학습관, www.shinrin-ringyou.com

저자 후기

    만물의 근원인 지구는 언제, 어느 때나 우리를 사랑한다.

    식물만으로 의식주를 해결하는 비건으로 산다는 것은 만물의 근원인 지구의 사랑을 받고 그 사랑 속에서 살아가는 지름길이리라.

언제나 우리는 사랑받고 있다.
비건이라는 사실이
이를 떠올리게 한다.
지구와 당신, 지구와 나는 연결되어 있고
우주라는 큰 존재와 연결되어 있다.

비건은 나를 알아가는 여행을 떠나는 것이다. 내가 먹는 음식을 의식하고 선택해서 먹으면 몸은 나에게 어떤 반응을 보여줄까? 세상 사람들은 어떻게 반응할까?

옷이나 화장품도 마찬가지로 의식하고 고르면 지금까지와는 다른 풍경을 보게 될 것이다. 쇼핑을 가면 '비건용 물건이 없어서 불편하네'라거나, '의외로 내가 만든 게 괜찮은데!'라는 식으로, 사물을 받아들이는 마음이 변화하기 시작한다.

나를 알아가는 여행. 자아 발견이 속도를 내며 새로운 나와 지금껏 몰랐던 내 모습을 발견하고 나를 알아간다. 놀랍기도 하고 거부하고 싶은 마음이 들 수도 있다. 생각지도 못한 감정이나 고민이 떠오를 수도 있지만 자기 안에 있는 엄청난 능력과 자질을 발견하고 기쁨과 즐거움을 느끼는 일도 많을 것이다. 멋진 동료와의 만남도 있을 것이다.

그 모든 것을 인정하는 자기 용인, 이를 온전히 받아들이는 자기 수용, 그리고 받아들임의 끝에는 자신을 깊이 사랑하는 자기애.

비건의 길을 걷는 것은 나를 사랑하는 여행을 하는 것이 아닐까.

마지막으로 책 출판이 결정되었을 때 기뻐해준 많은 분에게 감사드린다. 비건·베지테리언 친구들, 로푸드를 통해 알게 된 선생님들, 니시노미야의 친구들, 자기 변형 게임을 함께 배웠던 모든 동료들과 트레이너 선생님들, 사토식 림프 케어를 같이 배운 동료들에게 감사의 마음을 전한다. 여러분의 말 한마디와 미소가 얼마나 큰 용기를 주고 힘이 됐는지 모른다. 또 영감이 떠오를 때까지 좀처럼 글을 쓰지 못하던 나를 참을성 있게 기다려준 출판사 여러분께도 감사드린다.

그리고 지금 이 책을 읽고 있는 당신에게 깊은 감사와 축복을 드린다.

모든 것에 감사하며.

사랑과 통찰을 담아
비건 닥터 후카모리 후미코

옮긴이의 말

　이 책을 처음 접했을 때가 생각납니다. '운명이네. 이건 꼭 우리가 번역해야 할 책이야!', '우리만큼 애정을 가지고 번역할 수 있는 사람은 없을 거야'라고 확신했습니다. 채식에 대한 책을 처음 접하는 것도 아닌데 왜 이 책에서 운명을 직감했을까요. 단순히 음식을 바꾸는 문제가 아니라 삶의 방식 자체를 바꾼다는 생각, 나와 지구를 위한 실천임을 강조하는 대목에서 이 책을 껴안을 수밖에 없었습니다. 여기서 말하는 '우리'란 아이쿱생협 활동가들이 꾸리는 일본어 번역 모임인 '연리지'를 말합니다.

　연리지는 17년 전 우리나라 협동조합에 도움이 될 만한 일본의 협동조합 사례를 번역하고 공부하는 모임으로 출발했습니다. 최근 코로나 팬데믹을 겪으면서 우리에게도 적지 않은 변화가 있었습니다. 온라인 모임으로의 전환은 역설적으로 전국의 활동가들이 함께할 수 있는 기회가 되었고, 코로나가 길어지면서 건강과 환경에 대한 관심은 더욱 높아졌습니다.

최근 연리지는 2023년 1월부터 시행 중인 소비기한에 관한 서적 《유통기한의 거짓》, 식품 낭비를 다룬 영화 〈모따이나이 키친〉과 같이 좀 더 대중적이고 쉽게 실천 가능한 내용을 다룬 작품을 번역하며 많은 사람들에게 다가서려는 시도를 하고 있습니다. 이 책 역시 협동조합을 알든 모르든 나와 지구의 건강을 생각하는 마음으로 누구라도 쉽게 접할 수 있는 책입니다.

저자 후카모리 후미코는 이 책은 '병이 없는 건강한 사람을 위한 책'이라고 밝혔습니다. 그렇다고 이미 발병한 사람은 읽을 필요가 없다는 얘기는 아닙니다. 그만큼 많은 사람에게 도움이 될 수 있다는 의미입니다. 비건 의사임을 자청하는 저자는 예방의학도 가정의학도 아닌 안과 전공의로, 현재 고베에서 안과 의원을 운영하고 있습니다. 건강 앞에서 전공이 무슨 상관이겠습니까. 안과 의사이면 어떻고 의사가 아니면 또 어떻습니까. 실제 채식을 하면서 삶이 바뀐 사람들의 생생한 이야기를 담고 있다면 충분히 의미 있다고 생각합니다. 채식 중심의 식단이 비만, 고혈압, 당뇨, 암과 같은 만성질환을 예방하고 상태를 개선할 수 있음을 저자는 분명히 알려줍니다.

또 비건 지향, 채식 지향은 우리를 이타적 인간으로 만들어줍니다. 동물을 생각하고 윤리적 소비를 실천하면 지구 환경에 도움이 됩니다. 사람들의 혀를 즐겁게 해주기 위해 길러내는 동물들의 사료는 GMO가 대부분이며, 식용 소를 기르기 위해 열대우림을 파괴하고 있다는 사실도 짚어줍니다. 모두 채식인이 되기는 어렵겠지만, 점차 알록달록한 채식 중심 식단으로 늘려나가면 어떠할지 친절하게 설명합니다. 오늘 저녁 우리 집 식탁 메뉴를 바꿔보는 행동은 기후 위기를 극복하는 방법이기도 하니 함께 해보자고 합니다. 우리에겐 이 지구를 회복시켜야 하는 도의적 책임이 있으니까요.

온라인 공간에 모여 각자 맡은 부분을 점검하다가 책 내용에 빠져 번역 점검은 뒤로하고, 나름대로 얻은 통찰과 자기의 실천 내용을 이야기하며 독서 모임처럼 이야기꽃을 피우기도 했습니다. 연리지 구성원들도 이 책을 계기로 채소 및 과일 중심의 식단과 충분한 운동으로 내 삶을, 그리고 이 지구를 좀 더 활기차게 바꿔보려 합니다.

이 책을 읽었다고 곧바로 비건이 되기는 어려울 것입니다. 하지만 결국엔 돌고 돌아 운명처럼 비건을 지향하는 삶을 추구하지 않을까 하는 생각도 듭니다.

아이쿱은 유기농 먹거리로 '건강'과 '환경'을 생각하는 협동조합으로 출발했습니다. 이제는 채식 중심의 좋은 식품과 규칙적인 운동으로 암을 비롯한 만성질환을 예방하고, 나아가 기후 위기를 줄이는 데 이바지하는 새로운 협동조합 운동인 라이프케어 운동을 펼치고 있습니다. 시의적절하게 도움이 되는 책을 번역하려 했던 순간 운명처럼 만난 이 책을 통해 음식이 달라지면 세상을 보는 눈이 달라지고, 삶의 방식이 달라지며, 우리의 인생도 달라짐을 함께 나누고 싶습니다.

이 책의 번역에 시간과 재능을 나누어준 여덟 명의 활동가(김미애, 김수현, 김연화, 김효남, 문혜정, 박은정, 이선영, 이행지)와 출판 전 과정의 수고로움을 책임져주신 iN 라이프케어이종협동조합연합회 대외협력팀과 함께 출간의 기쁨을 나누고 싶습니다. 출판이 되기까지 애써주신 알마출판사 관계자 여러분께도 감사드립니다.

마지막으로 바쁘신 시간을 쪼개 추천의 글을 써주신 아이쿱소비자생활협동조합연합회 김정희 회장님, 소비자기후행동 김은정 상임대표님, 라이프케어부산의료복지사회적협동조합 권숙례 힐러매니저님 세 분께도 감사의 말씀 전합니다.

독자 여러분의 건강과 지구를 위한 삶에 이 책이 도움이 되길 바라며, 여러분의 활동과 실천을 진심으로 응원합니다.

아이쿱 활동가 일본어 번역 모임 '연리지'를 대표하여

김미애, 문혜정

추천사

모두가 켠 스위치는 꺼지지 않습니다. Let's switch on!

아이쿱소비자생활협동조합연합회 회장 김정희

스위치 온^{Switch On!} 저자는 자신이 미처 알지 못했던 동물 착취, 환경 문제를 알면서 마음에 스위치가 켜졌다고 표현한다. 그렇다. 개인의 건강이 악화되었을 때, 기후위기에 대응하기 위해, 혹은 동물 착취의 현주소를 알고 나서 우리도 '비건'에 대한 스위치 온을 경험한다. 그러나 비건으로 가는 길은 녹록지 않다. 삶의 방식을 완전히 바꾸는 일이기 때문이다. 하지만 저자는 비건을 지향하는 다양한 계기만큼 각자가 할 수 있는 것부터, 저마다의 속도로 실천하면 된다고 다정하게 알려준다. 자신이 아는 소소한 정보들과 비건으로서 완전히 바뀐 후 느낀 자유로움을 이야기하는 목소리는 아주 담담하다.

식사의 70%를 식이섬유와 항산화 물질이 풍부한

과일과 채소로 채우고, 들기름으로 양질의 오메가3를 섭취하며, 콩 발효 식품을 꾸준히 식단에 올리면서 고기·우유의 신화에서 벗어나 운동과 숙면과 햇볕의 힘을 믿는 것. 비건을 지향하는 삶이 건강을 가져다줄 것이라는 내용을 읽으면서 라이프케어를 실천하는 아이쿱생협 조합원들의 식탁과 일상이 떠올라 입가에 미소가 번진다.

테니스의 윌리엄스 자매, 육상 선수 칼 루이스, 할리우드의 나탈리 포트만과 제시카 차스테인 등 굳이 셀럽들을 들먹일 필요가 없다. 저마다의 이유로 스위치가 켜졌으면, 비건을 지속하는 데는 내 주위에서 함께 실천하는 이웃이 더 중요할 것이다. 우리 함께 이 책을 읽고, 나만의 스위치를 켜자. 그리고 그것이 쉬이 꺼지지 않도록 같이 실천해보자.

추천사
우리의 지구를 지키는 삶

소비자기후행동 상임대표 김은정

몇 년 전부터 기후 위기라는 말이 뜨겁게 다가오고 있다. 당장 무엇이라도 해야 한다는 위협적인 상황이 무색하게 세상은 너무 안이하고 평온해서 오히려 공포스럽다. 기후 위기를 말하는 활동가로서 시민들이 힘들게 실천하는 것들이 크게 효과를 발휘하지 못하는 현실이 아쉽기도 하다.

채식은 기후 위기를 늦추는 여러 솔루션 중에 개인의 실천이 가장 큰 몫을 차지한다. 그런데 이를 아는 사람이 많지 않다. 또한 채식주의라는 말 자체에 대한 사회의 거부감도 무시할 수 없다. 이 책은 육식하기 싫은 갖가지 이유를 부담 없이 다시 생각하게끔 해주는 좋은 입문서다. 단숨에 읽을 수 있을 만큼 재미있으면서도 나와 지구를 구할 수 있는 미덕을 이야기하는 책이다. 눈을 가늘게 뜨고 보던 '채식주의'보다 '채식'이라는 말에 집중하게 해준다. 말 그대로 우리의 지구를 지키는 삶을 다양한 시각에서 생각해볼 수 있게 구성되어서 우리가 갖고 있던 편협함을 해소해준다. 채식에 대한 저자의 경험을 바탕으로 개인과 환경에 끼칠 수 있는 좋은 영향과 함께 실천하는 과정에 마주치는 불편함도 따뜻하고 지속 가능한 방식으로 풀어 전해준다. 의사로서의 전문성과 실천가로서의 현실감, 그리고 먼저 경험한 선배의 따스함이 그대로 묻어나서 읽는 내내 몰입할 수 있었다. 독자들도 이 책을 다 읽고 나면 채식을 결심하기가 어제보다는 쉬워질 것이다. 나와 지구를 위한 채식 생활을 위해!

추천사

iN good lifecare

- 먹거리와 생활 습관이 바뀌면 '생'이 달라진다

라이프케어부산의료복지사회적협동조합 힐러매니저 권숙례

"제1의 전성기야!"

식이 습관을 비롯한 생활 습관을 바꾼 후 변한 나의 외모를 두고 남편이 장난처럼 한 말이다. 50대가 되어서 20대같이 활력 있는 삶을 사는 내 모습이 보기 좋단다.

젊어서는 그리 건강하지 못했다. 30대 후반 비교적 이른 나이에 갑상선암을 겪기도 했고, 부인과 질환으로 힘든 시절을 보냈다.

어느 날 이렇게 살아서는 안 되겠다 싶어 식습관을 바꾸고 삶의 변화를 모색했다. 아이쿱생협 지역 조합에서 채식 동아리를 만들기도 하고, 자연드림 힐러로 활동하면서 많은 변화가 있었다. 그렇기에 음식을 바꾸는 것은 의식을 바꾸는 행위이고 비건은 삶의 방식을 바꾸는 일이라는 저자의 말에 나 역시 공감한다.

"동물도, 식물도, 인간도, 모두 같은 생명이고 우열은 없다. 모든 것은 우주의 일부이며, 우주의 섭리에 따라 존재한다"란 석가모니의 말이 좋았다. 자연의 은혜로 자란 채소와 과일을 먹는 것은 지구와 하나로 연결되는 것이라는 내용도 와닿았다. 책을 읽는 내내 자연드림 라이프케어 실천법과 참 비슷하다는 생각이 들었다. 채식·과일 위주의 식사, 시간 제한식, 파이토케미컬과 미량 영양소, 운동과 수면, 햇볕의 중요성을 말하는 저자를 보니, 사실과 진실은 이렇게 시간과 공간을 넘어 서로 연결되는구나 싶다.

라이프케어 파트너로서 '나와 이웃에게 힐링, 지구에게 쿨링'에 다가가는 삶의 지침이 될 귀한 지침서를 만난 건 참 기쁜 일이다. 이 길을 함께 가자고 옆 사람들에게 말을 건넬 수 있는 자신감도 생긴다. 그 길을 앞서간 저자와 번역에 애써준 아이쿱 활동가 연리지의 구성원 모두에게 깊은 감사의 인사를 전하고 싶다.

미완성 채식도 괜찮아 — 나와 지구를 위한 비건 라이프

1판 1쇄 펴냄 2023년 6월 9일
1판 2쇄 펴냄 2023년 6월 28일

지은이 후카모리 후미코
옮긴이 아이쿱 활동가 일본어 번역 모임 연리지
펴낸이 안지미

펴낸곳 (주)알마
출판등록 2006년 6월 22일 제2013-000266호
주소 04056 서울시 마포구 신촌로4길 5-13, 3층
전화 02.324.3800 판매 02.324.7863 편집
전송 02.324.1144

전자우편 alma@almabook.by-works.com
페이스북 /almabooks
트위터 @alma_books
인스타그램 @alma_books

ISBN 979-11-5992-378-4 03590